21世纪高等学校系列教材 | 计算机科学与技术

C语言程序设计学习指导

戴华林　主编

刘　琦　李耀芳　高　晗　编著
彭慧卿　戴春霞　洪　姣

清华大学出版社
北京

内 容 简 介

为了配合C语言程序设计课程的学习，我们特地组织了理论教学和实验教学经验丰富的老师编写了这本书。全书共包括两大部分：习题解答和实验指导。习题解答包括主教材习题的解答和解析，并附有大量的练习与答案，以帮助读者巩固各章节知识点。实验指导共有9个实验，包含程序填空、程序设计、提高实验和趣味编程，供不同程度的读者选做。实验指导则给出了设计分析和常见问题分析，帮助读者更好地理解实验内容，高质量地完成实验。每个实验的最后给出了实验思考题。

本书针对非计算机专业初学者的特点编写，适合各类教学应用型大学在校学生作为C语言程序设计课程的教学辅导书使用，也适合参加全国计算机等级考试二级C语言的考生作为学习参考书使用。

图书在版编目(CIP)数据

C语言程序设计学习指导/戴华林主编. —北京：清华大学出版社，2022.2(2024.7重印)
21世纪高等学校系列教材·计算机科学与技术
ISBN 978-7-302-59700-1

Ⅰ.①C… Ⅱ.①戴… Ⅲ.①C语言－程序设计－高等学校－教学参考资料 Ⅳ.①TP312.8

中国版本图书馆CIP数据核字(2021)第263021号

责任编辑：贾 斌
封面设计：傅瑞学
责任校对：胡伟民
责任印制：丛怀宇

出版发行：清华大学出版社
网 址：https://www.tup.com.cn，https://www.wqxuetang.com
地 址：北京清华大学学研大厦A座 **邮 编**：100084
社 总 机：010-83470000 **邮 购**：010-62786544
投稿与读者服务：010-62776969，c-service@tup.tsinghua.edu.cn
质量反馈：010-62772015，zhiliang@tup.tsinghua.edu.cn
课件下载：https://www.tup.com.cn，010-83470236
印 装 者：三河市天利华印刷装订有限公司
经 销：全国新华书店
开 本：185mm×260mm **印 张**：13.25 **字 数**：330千字
版 次：2022年2月第1版 **印 次**：2024年7月第2次印刷
印 数：2501～3100
定 价：39.00元

产品编号：092881-01

前言

“C 语言程序设计”课程被许多高校列为程序设计课程的首选语言。通过该课程的学习，学生不仅要掌握高级程序设计语言的理论知识，更重要的是在实践中逐步掌握程序设计的思想和方法，培养问题求解和程序设计语言的应用能力。

C 语言程序设计是一门实践性很强的课程。该课程的学习必须通过大量的编程训练与实践，在实践中掌握 C 语言的理论知识，培养程序设计的基本能力。

本书是与《C 语言程序设计》配套的实验与习题指导用书。全书共包括两大部分：习题解答和实验指导。习题解答包括主教材习题的解答和解析，并附有大量的练习与答案，以帮助读者巩固各章节知识点。实验指导共有 9 个实验，包含程序填空、程序设计、提高实验和趣味编程，供不同程度的读者选做。实验指导则给出了设计分析和常见问题分析，帮助读者更好地理解实验内容，高质量地完成实验。每个实验的最后给出了实验思考题。

本书由戴华林担任主编。其中第 1 章和第 5 章习题解答、实验四由刘琦编写，实验一由洪姣编写，第 2～3 章习题解答、实验二由李耀芳编写，第 4 章和第 10 章习题解答、实验三和实验九由高晗编写，第 6 章和第 9 章习题解答、实验五和实验八由彭慧卿编写，第 7 章习题解答、实验六由戴华林编写，第 8 章习题解答、实验七由戴春霞编写，全书由戴华林负责统稿，郝琨审阅了全书并提出了宝贵意见。

在本书编写过程中，编者参考了大量有关 C 语言程序设计的书籍和资料，在此对这些参考文献的作者表示感谢。

由于编者水平有限，错误之处在所难免，恳请广大读者批评指正。

编　者

2021.10

第一部分 习题解答

第二部分 实验指导

第一部分 习题解答

第1章 C语言概述

1.1 本章要点

C语言数据类型丰富，运算符灵活多样，用它编写的程序结构良好，可读性强，可移植性好，执行效率高。它既具有高级语言的简单易用性，又具有汇编语言的直接操作硬件的大部分功能，因而在应用软件、系统软件的开发中，得到了广泛的应用。

1. 程序与程序设计语言

程序是用计算机语言描述的某一问题的解决步骤，是符合一定语法规则的符号序列。它的编写必须借助程序设计语言来完成。

程序设计就是把解题步骤用程序设计语言描述出来的工作过程。程序设计一般包含以下几个步骤：①问题分析；②算法设计；③编写源程序；④调试和运行程序。

程序设计语言就是用户用来编写程序的语言，根据程序设计语言与计算机硬件的联系程度分为机器语言、汇编语言和高级语言三类。C语言属于高级语言，它既可以编写系统软件，也可以编写应用软件。

2. C语言的特点

C语言是一种简明而功能强大的程序设计语言，它语言简洁、灵活；程序格式书写自由，关键字简练，源程序短，编辑程序的工作量比较少；C语言具有丰富的运算符，使源程序精练，生成的代码质量高，运行速度快；数据类型丰富，能实现各种复杂的运算，尤其是指针类型数据，使程序更加灵活、多样；语法限制不是很严格，对变量类型的使用比较灵活：C语言可以直接访问物埋地址和计算机硬件，能进行位操作，可以实现汇编语言的很多功能，具有高级语言和低级语言的双重功能；C语言编写的程序可移植性好。

3. C程序的结构特点

C语言是模块化的程序设计语言，由C语言编写的源程序由多个函数组成，有且仅有一个main函数。程序从main函数开始执行，在main函数中结束。

C语言的一条语句既可以放在一行，也可以放在多行；C语言程序的一行也可以放多条语句。C语言的语句都要用“;”作为结束。

为便于 C 程序的维护和便于阅读，C 语言的关键语句应该有注释，注释部分必须用"/ * "和" * /"括起来，并且"/"和" * "之间不能有空格，编译程序在编译时会忽略"/ * "和" * /"之间的内容。

C 语言区分大小写字母。

4. 程序设计风格

程序设计风格指的是编写程序的风格。良好的程序书写风格主要有：选用有实际意义的标识符作为变量名；习惯用小写字母，大小写要严格区分；使用 Tab 键缩进；{}对齐；常用锯齿形书写格式；有足够的注释；建议一条语句占一行等。

5. C 语言编译环境

一个 C 语言程序必须经过编辑、编译、连接及运行才能完成。

编辑：选择适当的编辑程序，将 C 语言源程序通过键盘输入到计算机中，并以文件的形式存入磁盘中(.c)。

编译：将源程序"翻译"成机器语言程序的过程。编译出来的程序称为目标程序 (.obj)。

连接：编译后生成的目标文件经过连接后生成最终的可执行程序(.exe)。

运行：把可执行文件从外存调入内存，并由计算机完成该程序预定的功能。

1.2 习题与解析

一、单项选择题

(1) 以下叙述正确的是(C)。

A. C 语言比其他语言高级

B. C 语言可以不用编译就能被计算机识别执行

C. C 语言的表达形式接近英语国家的自然语言和数学语言

D. C 语言出现得最晚、具有其他语言的一切优点

解析：略

(2) 以下说法正确的是(C)。

A. C 语言程序总是从第一个函数开始执行

B. 在 C 语言程序中，要调用的函数必须在 main 函数中定义

C. C 语言程序总是从 main 函数开始执行

D. C 语言程序中的 main 函数必须放在程序的开始部分

解析：C 语言程序总是从 main 函数开始执行，而不论其在程序中的位置。当 main 函数执行完毕时，即程序执行完毕。因此，选项 C 的叙述是正确的。

(3) 以下叙述不正确的是(D)。

A. 一个 C 源程序可由一个或多个函数组成

B. 一个 C 源程序必须包含一个 main 函数

C. C 程序的基本组成单位是函数

D. 在C程序中,注释说明只能位于一条语句的后面

解析:C语言的源文件,是由若干函数组成的,函数是C程序的基本组成单位,在这些函数中必须有且仅有一个main函数。在C程序中,注释可以插在任何可以插入空格的地方。因此,选项D的叙述是错误的。

(4) 以下叙述中正确的是(A)。

A. C程序中注释部分可以出现在程序中任意合适的地方

B. 大括号"{"和"}"只能作为函数体的定界符

C. 构成C程序的基本单位是函数,所有函数名都可以由用户命名

D. 分号是C语句之间的分隔符,不是语句的一部分

解析:略

(5) 以下叙述中正确的是(B)。

A. C语言的源程序不必通过编译就可以直接运行

B. C语言中的每条可执行语句最终都将被转换成二进制的机器指令

C. C语言程序经编译形成的二进制代码可以直接运行

D. C语言中的函数不可以单独进行编译

解析:略

(6) (B)是C语言程序的基本单位。

A. 语句　　B. 函数

C. 代码中的一行　　D. 以上答案都不正确

解析:略

(7) C语言源文件的扩展名和经过编译连接后生成的可执行程序文件的扩展名分别为(A)。

A. c,exe　　B. cpp,dsp　　C. c,obj　　D. cpp,obj

解析:C语言的源文件通常是以扩展名为.c的文件存储,与源文件.c相对应的可执行文件是.exe。因此,选项A是正确的。

(8) 一个最简单的C程序至少应包含一个(C)。

A. 用户自定义函数　　B. 语句

C. main函数　　D. 编译预处理命令

解析:略

二、简答题

(1) 什么是程序?什么是程序设计?

程序是用计算机语言描述的某一问题的解决步骤,是符合一定语法规则的符号序列。

程序设计是把解题步骤用程序设计语言描述出来的工作过程。

(2) 汇编语言与高级语言有什么区别?

汇编语言对机器的依赖性大,人们在使用它设计程序时,要求对机器比较熟悉。用它开发的程序通用性差,普通的计算机用户很难胜任这一工作。高级语言与具体的计算机硬件无关,其表达方式更接近人类自然语言的表述习惯,具有很强的通用性,可移植性好。

(3) 简要介绍C语言的特点。

C语言是一种结构化程序设计语言。它层次清晰,便于按模块化方式组织程序,易于调试和维护。C语言的表现能力和处理能力极强。它不仅具有丰富的运算符和数据类型,便于实现各类复杂的数据结构。它还可以直接访问内存的物理地址,进行位操作。由于C语言实现了对硬件的编程操作,因此C语言集高级语言和低级语言的功能于一体。既可用于系统软件的开发,也适合于应用软件的开发。此外,C语言还具有效率高,可移植性强等特点。因此广泛地移植到了各类各型计算机上,从而形成了多种版本的C语言。

(4) 程序设计有哪些主要步骤?

① 问题分析。通过对问题的分析,以便确定在解决这个问题过程中要做些什么?

② 算法设计。在弄清要解决的问题之后,就要考虑如何解决它,即如何做?

- 确定数据结构。根据任务提出的要求、指定的输入数据和输出结果,确定存放数据的数据结构。
- 确定算法。针对设计好的数据结构考虑如何进行操作以获得问题的结果,即确定解决问题、完成任务的步骤。

③ 编写源程序。根据确定的数据结构和算法,使用选定的程序设计语言编写程序代码,简称编程。

④ 调试和运行程序。通过对程序的调试和测试,使之对各种合理的数据都能得到正确的结果,对不合理的数据能进行适当的处理。

(5) 叙述一个C程序的构成。

① 一个C语言源程序可以由一个或多个源文件组成。

② 每个源文件可由一个或多个函数组成。

③ 一个源程序不论由多少个文件组成,都有且仅有一个main函数。

④ 一个函数由函数首部和函数体构成。

(6) 运行一个C语言程序的一般过程是什么?

运行一个C语言程序的一般过程如下:

① 启动VC++ 2010,进入VC++ 2010集成环境。

② 编辑:将C语言源程序通过键盘输入到计算机中,并以文件的形式存入到磁盘中(.c)。

③ 编译:将源程序翻译成机器语言程序的过程。编译出来的程序称为目标程序(.obj)。

如果编译成功,则可进行下一步操作;否则,返回"编辑"步骤修改源程序,再重新编译,直至编译成功。

④ 连接:编译后生成的目标文件经过连接后生成最终的可执行程序(.exe)。如果连接成功,则可进行下一步操作;否则,根据系统的错误提示,进行相应修改,再重新连接,直至连接成功。

⑤ 执行:通过观察程序运行结果,验证程序的正确性。如果出现逻辑错误,则必须返回第2步修改源程序,再重新编译、连接和执行,直至程序正确。

⑥ 退出VC++集成环境,结束本次程序运行。

三、程序设计题

(1) 编写一个程序,输出"How are you.",并上机运行。

参考程序如下：

```
#include<stdio.h>
int main( )
{
    printf("How are you.\n");
    return 0;
}
```

(2) 参照本章例 1.1 编写程序，使其输出结果为：

```
   *
  ***
 *****
*******
```

参考程序如下：

```
#include<stdio.h>
int main( )
{
    printf("    * \n");
    printf("   ***\n");
    printf("  *****\n");
    printf(" *******\n");
    return 0;
}
```

第2章 基本数据类型及表达式

2.1 本章要点

本章主要介绍C语言使用的标识符、运算符及表达式和基本数据类型(整型、实型和字符型),详细介绍整型、实型和字符型的常量、变量定义格式以及使用这些类型数据进行的运算。

1. 标识符定义原则

(1) 标识符只能由字母、数字、下画线组成。

(2) 首字符只能是字母或下画线。

(3) 长度不能超过255个字符。

(4) 自己定义的标识符不能和系统关键字、库函数重名。

(5) 标识符区分大小写,命名尽量有意义。

2. 数据类型

C语言数据类型众多,本章介绍了几种基本数据类型：整型、实型、字符型,并且介绍了各种数据类型的常量和变量。

(1) 常量

整型常量包括十进制常量、八进制常量和十六进制常量,十进制常量以非零开头,由数字0~9组成;八进制常量以零开头,由数字0~7组成;十六进制常量以0x或0X开头,由数字0~9、A~F(或a~f)组成。

实型常量只有十进制形式,有两种写法：十进制形式和指数形式,指数形式为aEn(等价于$a*10^n$),其中n为整型数据,a为十进制实数(a、n不可省略)。

字符型常量是由一对单引号括起来的单个字符,另外还包括一些转义字符,例如'\n'、'\120'、'\b'等。

字符串常量是由一对双引号括起来的字符序列(例如"abc"),要和字符常量区分开,'a'和"a"是两个不同的常量。

(2) 变量

整型变量类型包括int、short [int]、long [int],整型变量类型又分为有符号和无符号两种，默认为有符号整型，在每种类型之前加上关键字 unsigned 即为无符号整型。每种数据类型能够存储的数据范围不同，读者可根据实际需求选择合适的数据类型。

实型变量包括 float、double 两种，用来存储实数，其中 float 类型的数据有效位数为 6-8 位，double 类型的数据有效位数为 15-16 位。

字符型变量定义的关键字为 char，C 语言没有字符串变量，字符串使用字符数组表示，这在后面的章节会详细介绍。

变量的定义方式为：

```
数据类型 变量 1,变量 2,……,变量 n;
```

3. C 语言运算符和表达式

C 语言运算符很多，本章学习其中的算术运算符、赋值运算符以及位运算符的使用方法。

算术运算符和我们在中学阶段学习的基本一致，只是在使用除法"/"和求余"%"运算符时需要特别注意：在 C 语言中两个整型数据相除结果也为整型，求余运算的操作数只能是整型数据，否则编译出错。

赋值运算表达式的一般形式为：变量＝表达式，赋值运算符"＝"左侧只能是单个变量，不能是常量或表达式。可以给变量连续赋值，但是在定义变量的时候不能连续赋值，例如：

```
int a,b,c;
```

a＝b＝c＝9；是正确的连续赋值语句。

但是这样写：int a＝b＝c＝9 错误。

位运算是 C 语言的一种特殊运算功能，它是以二进制位为单位进行运算的。利用位运算可以完成汇编语言的某些功能，如置位、位清零、移位等。

4. 混合数据类型运算规则

不同类型混合运算时系统自动转换的规律概括如下：

(1) 精度低的数据类型转换为精度高的数据类型。

(2) 字符型(char)和短整型(short)必须先转换成整型(int)，float 类型数据在运算时一律先转换成 double 类型。

(3) 在赋值时，若变量和右侧表达式类型不一致，则表达式转换为变量的类型。

(4) 一个表达式结果的数据类型为其中精度最高的操作数类型。

2.2 习题与解析

一、单项选择题

(1) 合法的字符常量是(A)。

A. '\t'　　B. "A"　　C. 'ab'　　D. '\832'

解析：选项 B 是字符串常量，错误；选项 C 包含两个字符，错误；选项 D 的字符是\ddd

形式的转义字符，每个 d 应该是八进制数据，而 8 不是八进制，错误。

(2) C 语言中的标识符只能由字母、数字和下画线三种字符组成，且第一个字符(C)。

A. 必须为字母

B. 必须为下画线

C. 必须为字母或下画线

D. 可以是字母、数字和下画线中的任一字符

解析：略

(3) 以下均是 C 语言的合法常量的选项是(B)。

A. 089、-026、0x123、e1　　B. 044、0x102、13e-3、-0.78

C. －0x22d、06f、8e2.3、e　　D. .e7、0xffff、12％、2.5e1.2

解析：选项 A 中，089 以 0 开头，是八进制数，但是 8 和 9 都不是八进制数；e1 中缺少数据部分(底数)，所以选项 A 错误。

选项 C 中，06f 不正确，以 0 开头是八进制数，而 f 不是八进制数；8e2.3 中 e 后面的指数应该是整数，不能是实数；e 更是错误，前后都没有数字，这是个变量，所以选项 C 错误。

选项 D 中，.e7 的 e 之前应该有确切的数字；没有 12％这样的常量；2.5e1.2 的指数部分应为整数，所以选项 D 错误。

(4) 以下变量 x、y、z 均为 double 类型且已正确赋值，不能正确表示数学式子 x/(y * z) 的 C 语言表达式是(A)。

A. x/y * z　　B. x * (1/(y * z))　　C. x/y * 1/z　　D. x/y/z

解析：若没有括号，乘法和除法优先级相同，从左往右运算。选项 A 等价于(x/y) * z。

(5) 设有说明：char c; int x; double z;则表达式 c * x＋z 值的数据类型为(D)。

A. float　　B. int　　C. char　　D. double

解析：一个表达式的结果类型为其中精度最高的操作数类型。

(6) 在 C 语言中，要求参加运算的数必须是整数的运算符是(C)。

A. /　　B. *　　C. ％　　D. ＝

解析：求余运算符"％"要求两个操作数必须是整型数据，否则出错。

(7) 在 C 语言中，字符型数据在内存中以(D)形式存放。

A. 原码　　B. BCD 码　　C. 反码　　D. ASCII 码

解析：略

(8) 下列程序的输出结果是(B)。

```
int main()
{
    char c1=97,c2=98;
    printf("%d %c",c1,c2);
    return 0;
}
```

A. 97 98　　B. 97 b　　C. a 98　　D. a b

解析：输出的内容为 c1 的 ASCII 码值和 c2 的字符形式，答案为 B。

(9) 与代数式 (x * y)/(u * v) 不等价的 C 语言表达式是(A)。

A. x * y/u * v B. x * y/u/v C. x * y/(u * v) D. x/(u * v) * y

解析：题目表达式的 x,y 是分子,u,v 为分母。选项 A 没有括号,从左往右运算,实际是(x * y/u) * v,这里,v 在分子的位置,与题目不同。

(10) 以下数值中,正确的实型常量是(C)。

A. 1.5e3.6 B. e3.6 C. 8.9e-4 D. e-8

解析：形式为 aEn 的实型常量中,a 和 n 都不可省略,且 n 只能是十进制整数。

(11) 对于 char cx='\067'; 语句,正确的是(B)。

A. 不合法 B. cx 的 ASCII 值是 55

C. cx 的值为四个字符 D. cx 的值为三个字符

解析：根据题目,这个字符是一个\ddd 形式的字符,代表由 1～3 位八进制数组成的数字所代表的字符,'\067'的 ASCII 值是 55,表示'7'字符。

(12) 假定 x 和 y 为 double 型,则表达式 x=2,y=x+3/2 的值是(D)。

A. 3.500000 B. 3 C. 2.000000 D. 3.000000

解析：3/2 结果为 1,这是因为 3 和 2 都是整数常量,除法结果也是整数(除去小数部分,不四舍五入),x 是 double 类型,和 1 相加结果也为 double 类型 3.0,y 也是 double 类型,所以结果 y 的值为 3.000000。

(13) 已知大写字母 A 的 ASCII 码值是 65,小写字母 a 的 ASCII 码是 97,则用八进制表示的字符常量'\101'是(A)。

A. 字符 A B. 字符 a C. 字符 eD: 非法的常量

解析：字符常量'\101'是 ASCII 码值为 0101 的字符,八进制数 0101 的十进制形式为 65,是字母 A 的 ASCII 码值。

(14) 以下合法的赋值语句是(A)。

A. x=y=100 B. d--

C. x+y D. c=int(a+b)

解析：赋值语句需要使用"="运算符,故 B,C 错误;选项 A 是连续赋值语句,将 100 赋给 x、y 两个变量,正确。选项 D 中强制类型转换有错误,应该将 int 用括号括起来,所以 D 不对。

(15) 以下选项中不属于 C 语言的类型是(D)。

A. signed short int B. unsigned long int

C. unsigned int D. long short

解析：整型类型基本关键字是 int,其他整型如 short long 等在说明时都省略了 int,例如短整型为 short [int],长整型为 long [int],这些类型之前加上 unsigned 关键字即为无符号型,不加默认为有符号。

选项 D 的 long 和 short 是两个类型的说明符,不能放在一起,故选项 D 错误。

(16) 以下能正确定义变量 m、n,并且它们的值都为 4 的是(D)。

A. int m=n=4; B. int m, n=4; C. m=4,n=4; D. int m=4,n=4;

解析：不能在定义变量时连续赋值,故选项 A 错误;选项 B 中仅仅给 n 赋值,m 没有赋值,所以不正确;选项 C 没有定义变量,错误。

(17) 若变量均已正确定义并赋值,以下合法的C语言赋值语句是(A)。

A. x=y=5;　　B. x=n%2.5;　　C. x+n=i;　　D. x=5=4+1;

解析:选项A是连续赋值语句,正确;选项B中,求余运算需要两个操作数都为整数,故B错误;选项C中,因为赋值符号左侧只能为单个变量,不能是运算表达式,所以C错误;选项D中,因为该连续赋值语句运行时,首先执行右侧赋值即5=4+1,赋值运算左侧只能是变量,不能为常量,选项D错误。

(18) 若有定义语句:int x=12,y=8,z;,在其后执行语句z=0.9+x/y;,则z的值为(B)。

A. 1.9　　B. 1　　C. 2　　D. 2.4

解析:赋值运算的顺序为先运算右侧表达式,再赋值。根据优先级顺序,先计算x/y,12/8=1,再计算0.9+1=1.9,将结果1.9赋值给z,由于z是int类型,所以取1.9的整数部分赋给z。

(19) 在VC编译环境下,int、char和short三种类型数据在内存中所占用的字节数分别为(D)。

A. 1 1 1　　B. 2 1 4　　C. 4 1 4　　D. 4 1 2

解析:可使用sizeof查看。

(20) 下列数据中属于字符串常量的是(B)。

A. ABC　　B. "ABC"　　C. 'ABC'　　D. 'A'

(21) 下列语句的输出结果是(C)。

```
printf("%d\n",(int)(2.5+3.0)/3);
```

A. 有语法错误　　B. 2　　C. 1　　D. 0

解析:该题为强制类型转换后,两个整型数据相除的表达式。(int)(2.5+3.0)取5.5的整数部分5,5/3结果为1。

(22) C语言的注释定界符是(D)。

A. { }　　B. [ ]　　C. *　　*\　　D. /*　　*/

解析:略

(23) 下列选项中,合法的C语言关键字是(D)。

A. VAR　　B. cher　　C. integer　　D. default

解析:略

(24) 执行下列语句后变量x和y的值是(C)。

```
y=10; x=y++;
```

A. x=10, y=10　　B. x=11, y=11

C. x=10, y=11　　D. x=11, y=10

解析:后缀表达式应用在赋值语句中,规则是:后缀后自增,故x=y++等价于:x=y;y=y+1;运行后,x=10, y=11。

(25) 下列语句的结果是(D)。

```
int main()
```

```
{
    int j;
    j=3;
    printf("%d,",++j);
    printf("%d",j++);
    return 0;
}
```

A. 3,3　　B. 3,4　　C. 4,3　　D. 4,4

解析：该题考查自增运算和 printf 结合的输出规则。根据后缀后自增,前缀先自增的原则,printf("%d,",++j)；相当于：j=j+1；printf("%d,",j)；最后一条语句 printf("%d,",j++)；相当于：printf("%d,",j)；j=j+1；

(26) 若有定义：int a=7；float x=2.5，y=4.7;则表达式 x+a%3*(int)(x+y)%2/4 的值是（ A ）。

A. 2.500000　　B. 2.750000　　C. 3.500000　　D. 0.000000

解析：本题考查多种数据类型表达式的运算以及强制类型转换。表达式运算流程如下：

x+a%3*(int)(x+y)%2/4
=2.5+7%3*(int)(2.5+4.7)%2/4
=2.5+1*7%2/4
=2.5+1*7%2/4
=2.5+1/4
=2.5+0=2.5

(27) 以下选项中,与 k=n++完全等价的表达式是（ A ）。

A. k=n，n=n+1　　B. n=n+1，k=n
C. k=++n　　D. k+=n+1

解析：请参考(25)题解析

(28) 以下数值中,不正确的八进制数或十六进制数是（ C ）。

A. 0x16　　B. 016　　C. −0168　　D. 0xaaaa

解析：略

(29) 以下选项中属于 C 语言的数据类型是（ B ）。

A. 复数型　　B. 双精度型　　C. 逻辑型　　D. 集合型

解析：略

(30) 以下程序的输出结果是（ C ）。

```
int main()
{
    float x=3.6;
    int  i;
    i=(int)x;
    printf("x=%f, i=%d\n",x,i);
    return 0;
}
```

A. x＝3.600000，i＝4　　B. x＝3，i＝3

C. x＝3.600000，i＝3　　D. x＝3，i＝3.600000

解析：输出结果第一个数 x 为实数格式，%f 默认六位小数，第二个数 i 是整数形式，所以 B、D 错误；(int)3.6 取 3.6 的整数部分 3，而不是四舍五入，故 C 正确。

(31) 若有以下程序段，执行后的输出结果是（ B ）。

```
int a=0, b=0, c=0;
c=(a-=a-5, a=b, b+3);
printf("%d,%d,%d\n",a,b,c);
```

A. 3,0,－10　　B. 0,0,3　　C. －10,3,－10　　D. 5,0,3

解析：根据逗号表达式运算规则，c＝(a－＝a－5，a＝b，b＋3)等价于：

```
a-=a-5;  //a=a-(a-5)
a=b;
b+3;
c=b+3;
```

上面语句顺序执行结果依次为：a＝5；a＝0；0＋3；c＝3，故答案为 B。

(32) 设 x,y 均为 int 型变量，且 x＝8，y＝3，则 printf("%d,%d\n",x－－,－－y)的输出结果是（ D ）。

A. 8,3　　B. 7,3　　C. 7,2　　D. 8,2

解析：参看(25)题解析。

(33) 若有代数式 3ae/(bc)，则不正确的 C 语言表达式是（ C ）。

A. a/b/c*e*3　　B. 3*a*e/b/c　　C. 3*a*e/b*c　　D. a*e/c/b*3

解析：略

(34) 先用语句定义字符型变量 c，然后要将字符 a 赋给 c，则下列语句中正确的是（ A ）。

A. c＝'a';　　B. c＝"a";　　C. c＝"97";　　D. C＝'97'

解析：略

(35) 下列变量说明语句中，正确的是（ D ）。

A. char：a b c;　　B. char a;b;c;　　C. int x;z;　　D. int x,z;

解析：略

(36) 表达式 18/4*sqrt(4.0)/8 值的数据类型为（ C ）。

A. int　　B. float　　C. double　　D. 不确定

解析：sqrt 函数的返回值类型为 double，精度最高，所以整个表达式结果的数据类型为 double。

(37) 下面程序的输出是（ C ）。

```
int main()
{
    int x=5,y=2;
    printf("%d\n",y=x/y+x%y);
```

```
    return 0;
}
```

A. 3.5　　B. 2　　C. 3　　D. 5

解析：赋值语句用在 printf 函数中，输出为赋值后的 y 值。

(38) 若有以下程序段，执行后的输出结果是（ A ）。

```
int c1=1, c2=2, c3;
c3=c1/c2;
printf("%d\n",c3);
```

A. 0　　B. 1/2　　C. 0.5　　D. 1

解析：略

(39) 执行下面程序后，输出结果是（ B ）。

```
#include <stdio.h>
int main()
{
    int a;
    printf("%d\n",(a=3*5,a*4,a+5));
    return 0;
}
```

A. 65　　B. 20　　C. 15　　D. 10

解析：函数 printf("%d\n",(a=3*5,a*4,a+5))的输出参数为逗号表达式(a=3*5,a*4,a+5)的运算结果，其值为 a+5，a 值由前面 a=3*5 赋值确定，计算得出 a=15，故输出参数值为 20。这里 a*4 没有意义。

二、阅读程序题

(1) 以下程序运行后的输出结果是：<u>9 20</u>。

```
#include<stdio.h>
int main( )
{
    int m=011,n=11;
    printf("%d %d\n",m,n+m);
    return 0;
}
```

解析：这里 011 表示八进制数，换算成十进制为 9。

(2) 已知字母 A 的 ASCII 码为 65。以下程序运行后的输出结果是：<u>67 G</u>。

```
#include<stdio.h>
int main( )
{
    char a, b;
    a='A'+'5'-'3'; b=a+'6'-'2';
```

```
    printf("%d %c\n", a, b);
    return 0;
}
```

解析：char 类型和 int 类型可以互相运算。使用 ASCII 码值计算并存储，%c 输出字符形式，%d 输出 ASCII 码值。

参考答案

2.3 练习与答案

一、单项选择题

(1) 下面四个选项中，均是不合法的浮点数的选项是(　　)。

A. 160.	B. 123	C. －.18	D. －e3
0.12	2e4.2	123e4	.234
e3	.e5	0.0	1e3

(2) 请选出可用作 C 语言用户标识符的一组标识符(　　)。

① void	② a3_b3	③ For	④ 2a
define	_123	_abc	DO
WORD	IF	case	sizeof

A. ①　　B. ②　　C. ③　　D. ④

(3) 下面四个选项中，均是合法的浮点数的选项是(　　)。

A. ＋1e＋1	B. －.60	C. 123e	D. －e3
5e-9.4	12e-4	1.2e-.4	.8e-4
3e2	-8e5	＋2e-1	5.e-0

(4) 以下所列的 C 语言常量中，错误的是(　　)。

A. 0xFF　　B. 1.2e0.5　　C. 2L　　D. '\72'

(5) 若变量已正确定义并赋值，下面符合 C 语言的表达式是(　　)。

A. a：＝b＋1　　B. a＝b＝c＋2　　C. int 18.5%3　　D. a＝a＋7＝c＋b

(6) 设 x，y 均为 float 型变量，则以下不合法的赋值语句是(　　)。

A. x＋1＝5.0；　　B. y＝((int)x%2)/10；

C. x＝y＋8；　　D. x＝y＝0；

(7) 已知 ch 是字符变量，下面不正确的赋值语句是(　　)。

A. ch＝'a＋b'；　　B. ch＝'\0'；　　C. ch＝'7'＋'9'　　D. ch＝5＋9；

(8) 以下列出 C 语言常量中，错误的是(　　)。

A. OxFF　　B. '\73'　　C. 2L　　D. 1.2e0.5

(9) 若有定义语句：int a＝10；double b＝3.14；，则表达式'A'＋a＋b 值的类型是(　　)。

A. char　　B. int　　C. double　　D. float

(10) 已知 ch 是字符变量，下面正确的赋值语句是(　　)。

A. ch＝'123'；　　B. ch＝'\x123'；　　C. ch＝'\08'；　　D. ch＝'a'

第3章 简单程序设计

3.1 本章要点

本章简要介绍了算法的概念、算法的表示方法、结构化程序设计方法和C语句的基本类型，并重点介绍了C语言的基本输入输出函数的使用，主要内容有：

(1) 算法的概念：为解决一个问题而采取的方法和步骤，称为“算法”。对于要解决的问题，可以使用算法来描述出解决问题的方法，然后再编写代码。算法描述常用的有三种方法：自然语言描述、传统流程图和N-S流程图。

(2) 结构化程序设计的思想是：任何程序都可以用三种基本结构表示，即顺序结构、选择结构和循环结构。由这三种基本结构经过反复嵌套构成的程序称为结构化程序。

(3) C语言的语句可分为以下五类：表达式语句、函数调用语句、控制语句、复合语句、空语句。要充分理解“复合语句是一个语句组，但在语法上被视为一条语句”这句话的含义。这里要注意空语句，由一个分号组成，经常被用到空循环体中。

(4) 数据的输入与输出。

① 格式输出函数printf。

一般形式：printf(输出格式字符串，输出表列)；

输出数据时，要根据要输出数据的类型选择恰当的输出格式符，原则上不可用%d格式输出实数，也不可使用%f格式输出整型数据。printf的输出规则是：将输出格式字符串的内容是从左往右依次输出，格式控制字符和数据表列的数据一一对应，其他字符按原样输出。

下面是几种常用的printf格式控制字符：

%md：经常用来输出多个数据，达到间隔数据的目的。

%m.nf：用来限定输出的实数保留几位小数，然后对数据四舍五入之后输出。

② 格式输入函数scanf。

一般形式：scanf(输入格式字符串，输入表列)。

需要从键盘输入数据赋值给变量时，使用scanf函数，要根据变量的数据类型选择适当的格式控制字符，例如，输入数据给整型变量要使用%d，而输入数据给float型变量，要使用%f格式，double类型要使用%lf格式，不能交叉使用，否则会出错。

运行程序时，数据的输入方法是：对输入格式字符串的数据，从左往右依次输入，其中格式字符需要输入对应类型的数据，其他字符原样输入，需要特别注意 scanf 的格式串中最好不要加转义字符'\n'。

以下是常用的 scanf 使用方法：

```
scanf("%d%d",&ia,&ib);     /*ia、ib都是int类型变量,输入时使用空格或回车间隔数据*/
scanf("%f,%f",&f1,&f2);    /*f1、f2是float类型变量,输入时使用逗号间隔数据*/
scanf("%lf",&d1);          /*d1是double类型变量,格式符使用lf*/
```

③ 字符输入输出函数 getchar、putchar。

getchar 函数的使用方法为：

```
变量=getchar();             /*从键盘输入一个字符赋值给变量;*/
getchar();                 /*从键盘输入一个字符,而不赋值给任何变量。*/
```

putchar 函数用来输出一个字符，使用方法为 putchar(char)，例如：

```
putchar('A');              /*输出字符'A'*/
putchar(67);               /*输出ASCII码值是67的字符'C'*/
putchar(a);                /*输出字符变量a存储的字符*/
```

(5) 顺序结构程序设计是三种基本结构的一种，其执行方法是从上至下依次执行每一条语句。

3.2 习题与解析

一、单项选择题(题目中□表示空格。)

(1) 若有语句：int a,b,c;则下面输入语句正确的是（ C ）。

A. scanf(" %D%D%D",a, b, c);　　B. scanf("%d%d%d",a,b,c);

C. scanf("%d%d%d",&a,&b,&c);　　D. scanf("%D%D%D",&a,&b,&c);

解析：%d 不能写成大写形式%D，所以 AD 错误，选项 B 中，变量没加上地址符，地址列表错误。

(2) 有以下程序：

```
int main()
{
    int a=10,b=20;
    printf("a+b=%d\n",a+b);      /*输出计算结果*/
    return 0;
}
```

程序运行后的输出结果是（ B ）。

A. a+b=10　　B. a+b=30

C. 30　　D. 出错

解析：输出语句规则是：除了格式符和转义字符外，其他字符原样输出，所以输出：a+b=输出参数运算结果，将输出参数 a+b 计算后，输出 a+b=30。

(3) 以下程序段的输出结果是(A)。

```
int a=1234;
printf("%3d\n",a);
```

A. 1234　　B. 123

C. 34　　D. 提示出错,无结果

解析:这是输出格式%md形式,当数据占据少于m个字符位置时,左补空格,反之全部输出。1234超出了3个字符位置,全部输出。

(4) 设变量均已正确定义,若要通过scanf("%d%c%d%c",&a1,&c1,&a2,&c2);语句为变量a1和a2赋值10和20,为变量c1和c2赋字符X和Y。以下所示的输入形式中正确的是(B)。

A. 10□X□20□Y↙　　B. 10X20Y↙

C. 10□X↙
20□Y↙　　D. 10X↙
20□Y↙

解析:使用%c格式输入数据时,输入的空格或回车均作为有效数据给字符变量赋值,而使用%d输入数据时,遇到空格或回车等字符会自动略掉,所以选项A中10后的空格会赋值给变量c1,这样输入的赋值是这样的:10→a1,□→c1,X→a2,□→c2;

同理,选项C的赋值结果是:10→a1,□→c1,X→a2,回车符→c2;

选项D的赋值结果是:10→a1,X→c1,20→a2,□→c2,如果选项D的空格符去掉也能正确赋值。

(5) 已知字符'A'的ASCII代码值是65,字符变量c1的值是'A',c2的值是'D'。执行语句printf("%d,%d",c1,c2-2);后,输出结果是:(C)

A. A,B　　B. A,68　　C. 65,66　　D. 65,68

解析:输出的两个数据c1和c2-2都是以%d格式输出,所以选项AB均不正确。字符变量c1以%d输出,结果为c1的ASCII码值65,根据字符ASCII码值表,'D'也就是c2的ASCII码值是68,所以c2-2为66,答案为C选项。

(6) 若有如下语句:

```
int a;
float b;
```

以下能正确输入数据的语句是(C)。

A. scanf("%d%6.2f",&a,&b);　　B. scanf(" %c%f",&a,&b);

C. scanf("%d%f",&a,&b);　　D. scanf(" %d%d",&a,&b);

解析:该题考查不同类型变量从键盘输入数据时使用何种格式符。scanf的格式符不能加精度,所以选项A不正确;int类型数据的格式符为%d,float类型变量的输入格式符为%f,所以C正确。

(7) 有如下语句:

```
int k1,k2;
scanf("%d,%d",&k1,&k2);
```

要给 k1、k2 分别赋值 12 和 34，从键盘输入数据的格式应该是（ B ）。

A. 12□□34　　B. 12，34　　C. 12□□，34　　D. %12，%34

解析：该题考查根据 scanf 格式字符串的形式，从键盘应该怎样输入数据。

格式字符串的两个整数格式%d 之间以逗号隔开，所以输入时，两个整数也以逗号隔开，所以选项 A 错误；而逗号必须紧紧跟在数据后面，即数据和逗号之间不能有其他字符，例如空格，所以 C 错误；C 语言没有百分制常量，%会当做字符来处理，所以 D 错误。

(8) 有如下语句：

```
int m=546, n=765;
printf(" m=%5d,n=%6d",m,n);
```

则输出的结果是（ D ）。

A. m=546，n=765　　B. m=546□□，n=□□□765

C. m=%546，n=%765　　D. m=□□546，n=□□□765

解析：546 需要 3 个字符位置，使用%5d 输出该数字，左补 2 个空格；765 需要 3 个字符位置，使用%6d 输出，左补 3 个空格。故选项 D 正确。

(9) 有如下程序，输入数据 25，12，14↙之后，正确的输出结果是（ D ）。

```
#include <stdio.h>
int main( )
{
    int x,y,z;
    scanf("%d%d%d",&x,&y,&z);
    printf("x+y+z=%d\n",x+y+z);
    return 0;
}
```

A. x+y+z=51　　B. x+y+z=41　　C. x+y+z=60　　D. 不确定值

解析：根据 scanf 代码，数据间应以空格或回车间隔，故不能正确赋值。

(10) 有以下语句：

```
char  c1,c2;
c1=getchar(); c2=getchar();
putchar(c1);putchar(c2);
```

若输入为：a，b↙，则输出为（ A ）。

A. a，　　B. a，b　　C. b，a　　D. b，

解析：使用 getchar 函数输入字符时，空格和逗号，回车等都作为有效字符给变量赋值，所以，赋值结果是：'a'→c1，'，'→c2。

(11) 有定义：int d；double f；要正确输入，应使用的语句是（ D ）。

A. scanf("%f%lf",&d,&f)；　　B. scanf("%ld%ld",&d,&f)；

C. scanf("%ld%f",&d,&f)；　　D. scanf("%d%lf",&d,&f)；

解析：略

(12) 根据题目中已给出的数据的输入和输出形式，程序中输入输出的语句的正确内容

是（ B ）。

```
#include<stdio.h>
int main()
{
    int x;float y;
    printf("enter x,y:");
    /* 此处为输入和输出语句 */
    return 0;
}
```

输入为：2□3.4 输出为：x+y=5.40

A. scanf("%d,%f",&x,&y);
   printf("\nx+y=4.2f",x+y);

B. scanf("%d%f",&x,&y);
   printf("\nx+y-%.2f",x+y);

C. scanf("%d%f",&x,&y);
   printf("\nx+y=%6.1f",x+y);

D. scanf("%d%3.1f",&x,&y);
   printf("\nx+y=%4.2f",x+y);

解析：输入的两个数字以空格间隔，所以 scanf 代码中两个格式符中间没有其他符号，选项 A 错误。scanf 格式符不可以加 m.n，选项 D 错误。输出结果保留 2 位小数，选项 C 错误。

(13) 已知 i、j、k 为 int 型变量，若从键盘输入：1,2,3<回车>，使 i 的值为 1、j 的值为 2、k 的值为 3，以下选项中正确的输入语句是（ C ）。

A. scanf("%2d%2d%2d",&i,&j,&k);

B. scanf("%d %d %d",&i,&j,&k);

C. scanf("%d,%d,%d",&i,&j,&k);

D. scanf("i=%d,j=%d,k=%d",&i,&j,&k);

解析：键盘输入的 3 个数以逗号间隔，scanf 代码的三个格式符对应也以逗号间隔。选项 C 正确。输入仅有 3 个数据，没有其他字符，选项 D 错误。

(14) 已知 int a,b;，用语句 scanf("%d%d",&a,&b);输入 a,b 的值时，不能作为输入数据分隔符的是（ A ）。

A. 逗号　　B. 空格　　C. 回车　　D. [Tab]键

解析：格式符中间没有其他字符，输入多个数据时以空格、回车或 Tab 间隔开。

(15) 以下程序不用第三个变量，实现将两个数进行对调的操作，请填空（ B ）。

```
#include<stdio.h>
main()
{
    int a,b;
    scanf("%d%d",&a,&b);
```

```
    printf("a=%d b=%d",a,b);
    a=a+b;b=a-b;a=________;
    printf("a=%d b=%d\n",a,b);
}
```

A. a=b　　B. a-b　　C. b * a　　D. a/b

解析：这是两个数对调的另外一种算法。分为三步执行：

```
a=a+b   /* a 保存二者之和 */
b=a-b   /* 和减去 b,剩下 a,赋给 b, b 获取到原来 a 的值 */
a=a-b   /* 和减去 b(原来 a 值),剩下原来 b 的值,给了 a */
```

(16) 下列程序段的输出结果为（ C ）。

```
float x=213.82631;
printf("%3d",(int)x);
```

A. 213.82　　B. 213.83　　C. 213　　D. 3.8

解析：略

(17) 设变量定义为"int a, b;",执行下列语句时,输入（ D ）,则 a 和 b 的值都是 10。

```
scanf("a=%d, b=%d",&a, &b);
```

A. 10 10　　B. 10, 10　　C. a=10　b=10　　D. a=10, b=10

解析：scanf 格式字符串中固定字符在输入时需要原样输入,格式符位置输入一个类型一致的数字,即这样输入 a=10, b=10。

二、阅读程序题

(1) 以下程序运行时若从键盘输入：10 20 30↙。输出结果是：__10 20 30__。

```
#include<stdio.h>
int main()
{
    int i=0,j=0,k=0;
    scanf("%d%d%d",&i,&j,&k);
    printf("%d %d %d\n",i,j,k);
    return 0;
}
```

(2) 以下程序运行后的输出结果是__88__。

```
#include <stdio.h>
int main()
{
    int x=0210;
    printf("%x\n",x);
    return 0;
}
```

三、程序设计题

(1) 从键盘上输入两个浮点数，计算和、差、积、商，将结果保留两位小数输出。
参考程序如下：

```
#include <stdio.h>
int main()
{
    double a,b;
    printf("请输入一个浮点数:\n");
    scanf("%lf%lf",&a,&b);
    printf("%g+%g=%.2f\n",a,b,a+b);
    printf("%g-%g=%.2f\n",a,b,a-b);
    printf("%g*%g=%.2f\n",a,b,a*b);
    printf("%g/%g=%.2f\n",a,b,a/b);
    return 0;
}
```

(2) 使用 printf 函数编写程序，运行时显示如下界面：

```
********************************
*      学生信息维护子菜单      *
*  1.新增                      *
*  2.按学号删除                *
*  3.按学号修改                *
********************************
     请选择:
```

参考程序如下：

```
#include <stdio.h>
int main()
{
    printf("        **********************************\n");
    printf("        *        学生信息维护子菜单       *\n");
    printf("        *  1.新增                         *\n");
    printf("        *  2.按学号删除                   *\n");
    printf("        *  3.按学号修改                   *\n");
    printf("        **********************************\n");
    printf("           请选择:\n");
    return 0;
}
```

(3) 从键盘输入两个字符，并输出它们的后序字符。例如：输入 aP，输出 bQ。
参考程序如下：

```
#include <stdio.h>
int main()
{
```

```
    char ch1,ch2;
    printf("请输入两个字符:");
    ch1=getchar();
    ch2=getchar();
    printf("%c%c\n",ch1+1,ch2+1);
    return 0;
}
```

参考答案

3.3 练习与答案

一、单项选择题

(1) 以下程序的输出结果是(   )。

```
#include <stdio.h>
int main()
{
    int k=17;
    printf("%d,%o,%x\n",k,k,k);
    return 0;
}
```

A. 17,021,0x11　　B. 17,17,17　　C. 17,0x11,021　　D. 17,21,11

(2) 下面程序的输出结果是(   )。

```
#include <stdio.h>
int main()
{
    int x=10,y=3;
    printf("%d\n",y=x/y);
    return 0;
}
```

A. 0　　B. 1　　C. 3　　D. 不确定的值

(3) 若变量已正确说明为 float 类型,要通过语句 scanf("%f %f %f",&a,&b,&c);给 a 赋予 10.0,b 赋予 22.0,c 赋予 33.0,不正确的输入形式是(   )。

A. 10↙
22↙
33↙

B. 10.0,22.0,33.0↙

C. 10.0↙
22.0 33.0↙

D. 10 22↙
33↙

(4) X、Y、Z 被定义为 int 型变量，若从键盘给 X、Y、Z 输入数据，正确的输入语句是(　　)。

A. INPUT X,Y,Z;　　B. scanf("%d%d%d",&X,&Y,&Z);

C. scanf("%d%d%d",X,Y,Z);　　D. read("%d%d%d",&X,&Y,&Z);

(5) 若有定义：int a,b;，通过语句 scanf("%d;%d",&a,&b);若是把整数 3 赋给变量 a，5 赋给变量 b，则正确的输入数据方式是(　　)。

A. 3 5　　B. 3,5　　C. 3;5　　D. 35

(6) 以下不能输出字符'A'的语句是(　　)。(注：字符'A'的 ASCIl 码值为 65，字符'a'的 ASCIl 码值为 97)

A. printf("%c\n",'a'-32);　　B. printf("%d\n",'A');

C. printf("%c\n",65);　　D. printf("%c\n",'B'-1);

(7) 有程序如下：

```
#include <stdio.h>
int main( )
{
    char a,b,c,d;
    scanf("%c%c",&a,&b);
    c=getchar(); d=getchar();
    printf("%c%c%c%c\n",a,b,c,d);
    return 0;
}
```

当执行程序时，按下列方式输入数据：

12↙

34↙

则输出结果是(　　)。

A. 1234　　B. 12　　C. 12↙3　　D. 12↙34

(8) 有输入语句：scanf("a=%d,b=%d,c=%d",&a,&b,&c);为使变量 a 的值为 1，b 为 3，c 为 2，从键盘上输入数据的正确形式应是(　　)。

A. 132↙　　B. 1,3,2↙

C. a=1□b=3□c=2↙　　D. a=1,b=2,c=3↙

(9) 已有程序段和输入数据的形式，程序中输入语句的正确形式应当为(　　)。

```
#include <stdio.h>
int main( )
{
    int a;float f;printf("\nInput number:");          /* 此处为输入语句 */
    printf("\nf=%.2f,a=%d\n",f,a);
    return 0;
}
```

输入的数据为 4.5↙2↙，输出结果为 f=4.50，a=2。

A. scanf("%d,%f",&a,&f);　　B. scanf("%f,%d",&f,&a);

C. scanf("%d%f",&a,&f);　　　　　　　　D. scanf("%f%d",&f,&a);

参考答案

二、阅读程序题

(1) 阅读下面的程序,其输出结果是________。

```
#include <stdio.h>
int main()
{
    int i; long a; float f; double d;
    i=f=a=d=20/3;
    printf("%d  %ld  %3.1f  %3.1f\n",i,a,f,d);
    return 0;
}
```

(2) 阅读下面的程序,其输出结果是________。

```
#include <stdio.h>
int main()
{
    float a;  int b;
    a=b=24.5/5;
    printf("%f,%d\n",a,b);
    return 0;
}
```

(3) 运行下面程序,观察输出结果。

```
#include <stdio.h>
int main()
{
    int a,b,c;  long int u,n;  float x,y,z;  char c1,c2;
    a=3;b=4;c=5;
    x=1.2;y=2.4;z=-3.6;
    u=51274;n=128765;
    c1='a';c2='b';
    printf("\n");
    printf("a=%2d  b=%2d  c=%2d\n",a,b,c);
    printf("x=%8.6f,y=%8.6f,z=%9.6f\n",x,y,z);
    printf("x+y=%5.2f  y+z=%5.2f  z+x=%5.2f\n",x+y,y+z,z+x);
    printf("u=%ld  n=%ld\n",u,n);
    printf("c1='%c' or %d(ASCII)\n",c1,c1);
    printf("c2='%c' or %d(ASCII)\n",c2,c2);
    return 0;
}
```

(4) 运行下面程序,观察输出结果。

```
#include <stdio.h>
```

```
int main( )
{
    int a=5,b=7;
    float x=67.8564,y=-789.124;
    char c='A';
    long n=1234567;
    unsigned u=65535;
    printf("%d%d\n",a,b);
    printf("%3d%3d\n",a,b);
    printf("%f,%f\n",x,y);
    printf("%10f,%10f\n",x,y);
    printf("%8.2f,%8.2f,%.4f,%.4f,%3f,%3f\n",x,y,x,y,x,y);
    printf("%e,%10.2e\n",x,y);
    printf("%c,%d,%o,%x\n",c,c,c,c);
    printf("%ld,%lo,%x\n",n,n,n);
    printf("%u,%o,%x,%d\n",u,u,u,u);
    return 0;
}
```

(5) 用下面的 scanf 函数输入数据,问在键盘上应如何输入才能使 a=3,b=7,x=8.5,y=71.82,c1='A',c2='B'。

```
#include <stdio.h>
int main( )
{
    int a,b;  float x,y;  char c1,c2;
    scanf("a=%d b=%d",&a,&b);
    scanf("%f %e",&x,&y);
    scanf(" %c %c",&c1,&c2);
    printf("a=%d,b=%d\n",a,b);
    printf("x=%f,y=%f\n",x,y);
    printf("c1=%c,c2=%c\n",c1,c2);
    return 0;
}
```

分支结构程序设计

4.1 本章要点

分支结构(又称选择结构)是程序设计三种基本结构之一。分支结构的特点是根据不同的条件选择执行不同的指令代码。关系运算符和逻辑运算符是构造条件表达式的重要组成部件。分支结构包括单分支选择结构、双分支选择结构和多分支选择结构三种。在C语言中可以使用if语句、if-else语句、else if语句和switch语句实现三种分支结构。

(1) 关系运算实际上就是“比较运算”,即将两个数据进行比较,判定两个数据是否符合给定的关系。关系运算符共有6个,分别是＞、＜、＞＝、＜＝、＝＝、!＝,其中前4种运算符(＞、＜、＞＝、＜＝)的优先级相同,后两种运算符(＝＝、!＝)的优先级相同,且前4种运算符的优先级高于后两种运算符。关系表达式只有真或假两种结果,分别用整数1和0来表示。注意:关系运算符“＝＝”不要与赋值运算符“＝”混淆。

(2) 关系运算符只能描述简单条件,逻辑运算符可以把简单的条件组合成复杂的条件。

(3) 逻辑运算符共有3个,分别是逻辑与“&&”、逻辑或“||”和逻辑非“!”。其中,逻辑非“!”是单目运算符。在3种逻辑运算符中,逻辑非“!”的优先级最高,逻辑与“&&”次之,逻辑或“||”最低。关系运算符、逻辑运算符与之前学习过的其他运算符的优先级顺序由高到低分别是:

! →算术运算符→关系运算符→&&→||→赋值运算符→逗号运算符

(4) C语言在表示一个表达式是真还是假时,以数值0表示假,非0的数值表示真。

(5) 逻辑与“&&”运算符和逻辑或“||”运算符具有短路求值的重要特性。

(6) 单分支结构if语句的一般形式是:

```
if(表达式)
    语句
```

执行过程:先计算表达式的值,若值为真则执行语句,否则不做任何操作,直接执行if语句后面的语句。

(7) 双分支结构if-else语句

```
if(表达式)
    语句1
else
```

```
    语句 2
```

执行过程：先计算表达式的值，若值为真执行语句1，否则执行语句2。

(8) C语言提供了与if-else语句功能相似的条件运算符，它是C语言中唯一的三目运算符。条件运算符的一般使用形式是：

```
表达式 1 ? 表达式 2:表达式 3
```

执行过程：先计算表达式1的值，若值为真则表达式2的值就是整个条件表达式的值，否则表达式3的值就是整个条件表达式的值。

(9) else和if必须配对使用。else和if的配对原则是：else和上面离它最近的未配对的if配对。

(10) if语句或if-else语句中可以嵌套使用if语句或if-else语句。

(11) 多分支结构else if语句的一般形式是：

```
if(表达式 1) 语句 1
else if(表达式 2) 语句 2
    ……
else if(表达式 n-1) 语句 n-1
else 语句 n
```

执行过程：先计算表达式1的值，若值为真执行语句1；否则计算表达式2的值，若值为真执行语句2；……；否则计算表达式n－1的值，若值为真执行语句n－1；否则直接执行语句n。

(12) 多分支结构switch语句(开关语句)的一般形式是：

```
switch(表达式)
    {
        case 常量 1:  语句组 1;break;
        case 常量 2:  语句组 2;break;
        ……
        case 常量 n:  语句组 n;break;
        default :     语句组 n+1; break;
    }
```

执行过程：先计算表达式的值，当表达式的值与某个case后面的常量值相同时，就执行该case后面的语句组，最后执行break语句，跳出switch语句。如果表达式的值与任何一个case后面的常量值都不相同，则执行default后面的语句组。

(13) break语句的作用是跳出switch语句，转向执行switch语句后面的下一条语句。若语句组后没有break语句，则继续执行下一个case后面的语句组。

4.2 习题与解析

一、单项选择题

(1) 下面程序的输出结果是(B)。

```
#include <stdio.h>
int main( )
{
    int m=5;
    if(m++>5) printf("%d \n",m);
    else printf("%d\n",m--);
    return 0;
}
```

A. 7　　B. 6　　C. 5　　D. 4

解析：if 语句的条件是 m++，其中“++”运算符是后缀，因此先用 m 的初值和 5 进行比较，5>5 为假，所以执行 else 后面的语句，比较之后 m 的值再增 1 变为 6；else 后面的输出语句中 m−−中的“−−”运算符也是后缀，所以先输出 m 的值 6，输出结束后 m 的值减 1 变为 5。

(2) 下面程序的输出结果是(C)。

```
#include <stdio.h>
int main( )
{
    int a=6,b=4,c=5,d;
    printf("%d\n",d=a>c?(a>c?a:c):(b));
    return 0;
}
```

A. 4　　B. 5　　C. 6　　D. 不确定

解析：本题是条件运算符的嵌套用法，先判断外层条件表达式中的 a>c，因为值为真所以执行内层条件表达式 a>c? a: c，继而整个嵌套条件表达式的值就是 a 的值 6。

(3) 下面程序的输出结果是(D)。

```
#include <stdio.h>
int main( )
{
    int x=10,y=20,t=0;
    if(x==y)
        t=x;
    x=y;
    y=t;
    printf("%d %d\n",x,y);
    return 0;
}
```

A. 10　10　　B. 10　20　　C. 20　10　　D. 20　0

解析：题目中虽然 if(x==y)后面有三条赋值语句，但是这三条赋值语句并没有以复合语句的形式出现，因此当 x==y 条件成立时，仅执行 t=x 语句，其余两条赋值语句不包含在 if 语句内部，无论 if 语句条件是否成立，均顺序执行其余两条赋值语句。

(4) 下面程序执行后的输出结果是(　B　)。

```
int main( )
{
    int a=5,b=4,c=3,d=2;
    if(a>b>c)
        printf("%d\n",d);
    else if((c-1>=d)= =1)
        printf("%d\n",d+1);
    else
        printf("%d\n",d+2);
    return 0;
}
```

A. 2　　　　B. 3

C. 4　　　　D. 编译时有错,无结果

解析:对于 a>b>c 要按照从左向右的顺序进行计算,先计算 a>b,将计算的结果转换成整数 1,再用 1 和变量 c 比较即 1>3,显然结果为 0,因此需要判断第二个条件即"(c−1>=d)= =1",判断的结果是真,因此程序输出 d+1 的值 3。本题要特别注意的是 a>b>c 和 a>b&&b>c 的区别。

(5) 若 a,b,c1,c2,x,y 均为整型变量,正确的 switch 语句是(　D　)。

A.
```
switch(a+b);
{   case 1: y=a+b;break;
    case 0: y=a-b;break;
}
```

B.
```
switch(a*a+b*b)
{   case 3:
    case 1: y=a+b;break;
    case 3: y=b-a;break;}
```

C.
```
switch a
{   case c1: y=a-b;break;
    case c2: x=a*b;break;
    default: x=a+b;}
```

D.
```
switch(a-b)
{   default: y=a*b;break;
    case 3: case 4: x=a+b;break;
    case10: case 1: y=a-b;break;}
```

解析:此题考查 switch 语句的结构和写法。switch 语句中的表达式后不能加分号,因此选项 A 错误;表达式必须用小括号括起来,因此选项 C 是错误的;case 后必须为常量并且常量不能相同,因此选项 B 是错误的。

(6) 已知分段函数(如下所示),以下程序段中不能根据 x 的值正确计算出 y 值的是(　C　)。

$$y=\begin{cases}1 & x>0\\ 0 & x=0\\ -1 & x<0\end{cases}$$

A.
```
if(x>0)y=1;
else if(x= =0) y=0;
else y=-1;
```

B.
```
y=0;
if(x>0)y=1;
else if(x<0) y=-1;
```

C.
```
y=0;
if(x>=0)
```

D.
```
if(x>=0)
if(x>0) y=1;
```

if(x>0) y=1;　　　　　　　　　　　　　　else y=0;

else y=-1;　　　　　　　　　　　　　　　else y=-1;

解析：选项C中y的初值为0，然后当x>=0时y有两种取值，显然当x==0时，y的值为-1是不符合题目要求的，因此选项C的输出是错误的。

(7) 有下面程序，程序运行后的输出结果是（ A ）。

```
#include <stdio.h>
int main( )
{
    int a=15,b=21,m=0;
    switch(a%3)
    {   case 0:m++;break;
        case 1:m++;
        switch(b%2)
        {
            default:m++;
            case 0:m++;break;
        }
    }
    printf("%d\n",m);
    return 0;
}
```

A. 1　　　　B. 2　　　　C. 3　　　　D. 4

解析：此题考查break语句在switch语句中的作用。break语句用于退出switch语句，无break语句则继续执行下一条case语句。

(8) 为了避免嵌套的条件分支语句if-else的二义性，C语言规定：C程序中的else总是与（ C ）组成配对关系。

A. 缩排位置相同的if　　　　B. 在其之前未配对的if

C. 在其之前未配对的最近的if　　　　D. 同一行上的if

解析：略

(9) 设x、y、t均为int型变量，则执行语句：x=y=3;t=++x||++y;后，y的值为（ B ）。

A. 1　　　　B. 3　　　　C. 4　　　　D. 不定值

解析：此题考查逻辑计算中的短路原则。表达式++x的值是4，C语言将4判断为真，真与任何数值做逻辑“或”运算结果都是真，所以依据短路原则表达式++y不需要计算，因此y的值没有自增还是原值3。

(10) 执行下面程序，输入3，则输出结果为（ A ）。

```
#include <stdio.h>
int main( )
{
    int k;
```

```
    scanf("%d",&k);
    switch(k)
    {
        case 1:
            printf ("%d\n",k++);
        case 2:
            printf ("%d\n",k++);
        case 3:
            printf ("%d\n",k++);
        case 4:
            printf ("%d\n",k++);break;
        delfault:
            printf("Full!!\n");
    }
    return 0;
}
```

A. 3
4　　B. 4
5　　C. 3　　D. 4

解析：输入 3 后执行 case 3 分支中的语句，先输出 3 后 k 自增为 4，因为 case 3 分支中无 break 语句则继续执行 case 4 分支中的语句，继而输出 4，执行完 case 4 中的 break 后退出 switch 结构。

二、阅读程序题

(1) 下面程序的输出结果是：__20 40 20__。

```
#include <stdio.h>
int main( )
{
    int  a=20,b=30,c=40;
    if(a>b)
    a=b;b=c;
    c=a;
    printf("%d %d %d\n",a,b,c);
    return 0;
}
```

解析：因为 a=b;b=c;c=a 三条语句并没有写成复合语句形式，所以当 if 条件成立时仅执行 a=b;一条语句，另外两条语句无论 if 条件是否成立都会执行。

(2) 下面程序的输出结果是：__a=2,b=2__。

```
int main( )
{
    int x=0,a=0,b=0;
      switch(x)
    {
```

```
        case 0: b++;
        case 1: a++;
        case 2: a++;b++;break;
        default:a++;
    }
    printf("a=%d,b=%d\n",a,b);
    return 0;
}
```

解析：x 值为 0 所以进入 case 0 分支，因为 case 0 分支中没有 break 语句，所以执行完 case 0 分支中的 b++后，继续执行 case 1 分支中的 a++，同理再继续执行 case 2 分支中的 a++、b++和 break 后退出 switch 语句。

(3) 下面程序的输出结果是：__2__。

```
#include <stdio.h>
int main( )
{
    int a=1,b=0;
    if (--a)b++;
    else if (a==0) b+=2;
    else b+=3;
    printf("%d\n",b);
    return 0;
}
```

解析：if 语句的条件是--a，其中"--"运算符是前缀，因此先计算--a 得 0，条件 a==0 成立，因此计算 b+=2，最终输出 b 的值为 2。

三、程序设计题

(1) 输入一个三位整数 a(百位、十位、个位分别用 x、y、z 表示)，判断它是否是"水仙花数"。当输入数据不正确时，要求给出错误提示。提示："水仙花数"是一个三位数，其各位数字的立方和等于该数本身。例如：153 是一个水仙花数，因为 $1^3+5^3+3^3=153$。

分析：将输入的整数的每位数分离后，使用 if 语句判断是否符合水仙花数的条件。

参考程序如下：

```
#include <stdio.h>
int main( )
{
    int a,x,y,z;
    printf("请输入一个三位数:\n");
    scanf("%d",&a);
    z=a%10;                              /*分离个位*/
    y=a%100/10;                          /*分离十位*/
    x=a/100;                             /*分离百位*/
    if(x*x*x+y*y*y+z*z*z==a)
```

```
        printf("%d是水仙花数。\n",a);
    else
        printf("%d不是水仙花数。\n",a);
    return 0;
}
```

运行结果(1)：

```
请输入一个三位数:
412↙
412不是水仙花数。
```

运行结果(2)：

```
请输入一个三位数:
407↙
407是水仙花数。
```

(2) 输入一个年份,输出这一年2月份的天数。提示：年份能被4整除且不能被100整除或年份能被400整除的是闰年。

分析：判断闰年是两个条件二选一,需要逻辑或"||"运算符,其中"年份能被4整除且不能被100整除"需要使用逻辑与"&&"运算符。

参考程序如下：

```
#include <stdio.h>
int main()
{
    int y;
    printf("请输入年份:%d");
    scanf("%d",&y);
    if((y%400==0)||(y%4==0&&y%100!=0))
        printf("这一年2月份的天数是29天\n");
    else
        printf("这一年2月份的天数是28天\n");
    return 0;
}
```

运行结果(1)：

```
请输入年份:2000↙
这一年2月份的天数是29天
```

运行结果(2)：

```
请输入年份:1997↙
这一年2月份的天数是28天
```

(3) 输入三角形三条边的长度,判断它们能否构成三角形,若能则需判断出三角形的种类：等边三角形、等腰三角形、直角三角形或一般三角形;否则输出"不能构成三角形"。

分析：本题考查多分支 if 语句的灵活用法。根据两边之和大于第三边的原理先判断能否构成三角形，若不能构成三角形，再利用直角三角形和等腰三角形的特征判断是直角三角形、等腰三角形还是一般三角形。

参考程序如下：

```
#include <stdio.h>
int main( )
{
    int a,b,c;
    printf("请输入三边长度:\n");
    scanf("%d%d%d",&a,&b,&c);
    if(a+b>c&&b+c>a&&c+a>b)
    {
        if(a*a+b*b==c*c|| a*a+ c*c==b*b || b*b+ c*c==a*a)
            printf("直角三角形\n");
        else if(a==b||b==c||c==a)
            printf("等腰三角形\n");
        else
            printf("一般三角形\n");
    }
    else
        printf("不能构成三角形\n");
}
```

运行结果(1)：

```
请输入三边长度:
1 2 3↙
不能构成三角形
```

运行结果(2)：

```
请输入三边长度:
3 4 5↙
直角三角形
```

参考答案

4.3 练习与答案

一、单项选择题

(1) 以下程序的输出结果是(　　)。

```
int main()
{
    int a=4,b=5,c=0,d;
    d=!a&&!b||!c;
```

```
    printf("%d\n",d);
    return 0;
}
```

A. 1　　B. −1　　C. false　　D. 非 0 的数

(2) 设 ch 是 char 型变量，其值为'a'，则表达式 ch=(ch>='a'&&ch<='z')? (ch-32): ch 的值是(　　)。

A. A　　B. a　　C. z　　D. Z

(3) 下面程序的输出结果是(　　)。

```
#include <stdio.h>
int main()
{
    int x=1,y=2,t=5;
    if(t=y)
    {
        t=x;
        x=y;
        y=t;
    }
    printf("%d %d\n",x,y);
    return 0;
}
```

A. 1 1　　B. 1 2　　C. 2 1　　D. 1 0

(4) 有如下嵌套的 if 语句：

```
if(a<b)
    if(a<c) k=a;
    else k=c;
else
    if(b<c) k=b;
    else k=c;
```

以下选项中与上述语句等价的语句是(　　)。

A. k=(a<b)? a: b;k=(b<c)? b: c;

B. k=(a<b)? ((b<c)? a: b): ((b>c)? b: c);

C. k=(a<b)? ((a<c)? a: c): ((b<c)? b: c);

D. k=(a<b)? a: b; k=(a<c)? a: c;

(5) 若 a 是数值型，则逻辑表达式(a==1)||(a!=1)的值是(　　)。

A. 1　　B. 0

C. True　　D. 不知道 a 的值，不能确定

(6) 以下选项中与 if(a==1)a=b;else a++;语句功能不同的 switch 语句是(　　)。

A. switch(a)

　{　case 1: a=b;break;

```
        default: a++;
    }
```

B.
```
switch(a==1)
    {   case 0: a=b;break;
        case 1: a++;
    }
```

C.
```
switch(a)
    {   default: a++;break;
        case 1: a=b;
    }
```

D.
```
switch(a==1)
    {   case 1: a=b;break;
        case 0: a++;
    }
```

(7) 设有定义：int a=1,b=2,c=3;以下语句中执行效果与其他三个不同的是(　　)。

A. if(a>b)c=a,a=b,b=c;　　B. if(a>b){c=a,a=b,b=c;}

C. if(a>b)c=a;a=b;b=c;　　D. if(a>b){c=a;a=b;b=c;}

(8) 能正确表示 a 和 b 同时为正或同时为负的表达式是(　　)。

A. (a>=0||b>=0)&&(a<0|| b<0)

B. (a>=0&&b>=0)&&(a<0&&b<0)

C. (a+b>0)&&(a+b<=0)

D. a * b>0

(9) 有以下程序

```
#include<stdio.h>
int main()
{
    int i=1,j=1,k=3;
    if((j++||k++)&&i++)
        printf("%d,%d,%d\n",i,j,k);
    return 0;
}
```

执行后输出的结果是(　　)。

A. 1,1,2　　B. 2,2,1　　C. 2,2,2　　D. 2,2,3

(10) 有以下程序

```
#include <stdio.h>
int main( )
{
    int x;
    scanf("%d",&x);
```

```
    if(x<=3) ;
    else
        if(x!=10) printf("%d\n",x);
    return 0;
}
```

程序运行时,输入的值在哪个范围才会有输出结果(　　)。

A. 不等于 10 的整数

B. 大于 3 并且不等于 10 的整数

C. 大于 3 或等于 10 的整数

D. 小于 3 的整数

二、阅读程序题

(1) 程序运行后,如果从键盘上输入 5,则输出结果是________。

```
#include<stdio.h>
int main()
{
    int  x;
    scanf("%d",&x);
    if(x--<5)
        printf("%d\n",x);
    else
        printf("%d\n",x++);
    return 0;
}
```

(2) 下面程序运行后的输出结果是________。

```
#include<stdio.h>
int main()
{
    int a=7,b=6,m=1;
    switch(a%4)
    {
        case 0: m++;break;
        case 1: m++;
        switch(b%3)
        {
            default: m++;
            case 0: m++;break;
        }
    }
    printf("%d\n",m);
    return 0;
}
```

(3) 下面程序的输出结果是________。

```
#include<stdio.h>
int main()
{
    int x=1,y;
    if(--x<0)
        y=-1;
    else if(x==0)
        y=0;
    else
        y=1;
    printf("y=%d\n",y);
    return 0;
}
```

参考答案

三、程序改错题

(1) 以下程序的功能是计算某年某月有几天(注意要区分闰年)。改正程序中的错误。

```
#include<stdio.h>
int main()
{
    int yy,mm,len;
    printf("year,month=");
    scanf("%d%d",&yy,&mm);
    /**********FOUND1**********/
    switch(yy)
    {
        case 1:
        case 3:
        case 5:
        case 7:
        case 8:
        case 10:
        case 12:
            len=31;
    /**********FOUND2**********/
            break
        case 4:
        case 6:
        case 9:
        case 11:
            len=30;
            break;
        case 2:
```

```
        if (yy%4==0 && yy%100!=0 || yy%400==0)
            len=29;
        else
            len=28;
        break;
/**********FOUND3**********/
    default
        printf("input error!\n");
    }
    printf("The length of %d %d id %d\n",yy,mm,len);
    return 0;
}
```

(2) 以下程序的功能是根据利润计算企业可发放奖金数额。利润低于或等于10万元时，奖金可提10%；利润高于10万元，低于20万元时，低于10万元的部分按10%提成，高于10万元的部分，可提成7.5%；20万到40万之间时，高于20万元的部分，可提成5%；40万到60万之间时，高于40万元的部分，可提成3%；60万到100万之间时，高于60万元的部分，可提成1.5%；高于100万元时，超过100万元的部分按1%提成。改正程序中的错误。

```
#include <stdio.h>
int main()
{
    long int i;
    double bonus1,bonus2,bonus4,bonus6,bonus10,bonus;
    /**********FOUND1**********/
    scanf("%ld"&i);
    bonus1=100000*0.1;bonus2=bonus1+100000*0.75;
    bonus4=bonus2+200000*0.5;
    bonus6=bonus4+200000*0.3;
    bonus10=bonus6+400000*0.15;
    /**********FOUND2**********/
    if(i>100000)
        bonus=i*0.1;
    else if(i<=200000)
        bonus=bonus1+(i-100000)*0.075;
    else if(i<=400000)
        bonus=bonus2+(i-200000)*0.05;
    else if(i<=600000)
        bonus=bonus4+(i-400000)*0.03;
    else if(i<=1000000)
        bonus=bonus6+(i-600000)*0.015;
    else
        bonus=bonus10+(i-1000000)*0.01;
        /**********FOUND3**********/
```

```
    printf("bonus=%lf",bonus)
    return 0;
}
```

参考答案

四、程序设计题

(1)“回文”是指正读反读都能读通的句子,它是古今中外都有的一种修辞方式和文字游戏,如"我为人人,人人为我"。在数学中也有这样一类数字有这样的特征,称为回文数。现有一个五位数,请编写程序判断这个五位数是不是回文数,如果是回文,输出 yes,否则输出 no。例如:输入 12321,输出 yes;输入 12345,输出 no。

(2)输入一个百分制成绩 score,根据成绩打印等级。即 0～59:等级 E;60～69:等级 D;70～79:等级 C;80～89:等级 B;90～100:等级 A【要求:使用 else if 语句编程。】

(3)仿照教材例 4-2,编写程序计算一元二次方程 $ax^2+bx+c=0$ 的根。需要考虑有两个不等实根、有两个相等实根、无实根三种情况。

第5章 循环结构程序设计

5.1 本章要点

循环结构是结构化程序设计的基本结构之一，它与顺序结构、选择结构共同作为各种复杂程序的基本构造单元。其特点是，在给定条件成立时，反复执行某程序段，直到条件不成立为止。给定的条件称为循环条件，反复执行的程序段称为循环体。C语言提供了多种循环语句，可以组成各种不同形式的循环结构。

(1) C语言中for语句使用最为灵活，它可以用于循环次数已知的情况，也可以使用表达式控制循环次数。它的一般形式为：

```
for(初始化表达式;循环控制表达式;增减值表达式)
{
    语句
}
```

说明：

① for语句中的3个表达式并不一定是必需的，可以部分或完全省略。但是不论省略了哪个表达式，括号中的两个分号是必须保留的。

② for(…)后面可以加分号，表示循环体语句为空语句。

③ 在循环体内或循环条件中必须有使循环趋于结束的语句，否则，会出现死循环等异常问题。

(2) while语句用来实现循环次数不确定的循环，一般格式为：

```
while(条件)
{
    语句
}
```

说明：while语句的执行流程：计算条件表达式的值，为真时，执行循环体。其特点是：先判断条件，后执行循环体。

(3) do-while语句用来实现“直到型”循环结构。其一般形式如下：

```
do
```

```
{
    语句
}while(条件);
```

说明：这个循环与 while 循环的不同在于：它先执行循环中的语句，然后再判断条件是否为真，如果为真则继续循环；如果为假，则终止循环。因此，do-while 循环至少执行一次循环体。

(4) 几种循环语句的比较：

① 三种循环都可以用来处理同一问题，一般情况下它们可以互相代替。

② while 和 do-while 循环，在 while 后面指定循环条件，在循环体中应包含使循环趋于结束的语句(如 i++；或 i=i+1；等)；for 循环可以在“增减值表达式”中包含使循环趋于结束的操作，甚至可以将循环体中的操作全部放到“增减值表达式”中。因此 for 语句的功能更灵活。

③ 对于循环变量赋初值，while 语句和 do-while 语句一般是在进入循环结构之前完成，而 for 语句一般是在循环语句的“初始化表达式”中进行变量赋值。

④ while 语句和 for 语句都是先判断条件，后执行循环体，do-while 语句则是先执行循环体，后判断条件表达式。

(5) 一个循环体内又包含另一个完整的循环结构，称为循环的嵌套。内嵌的循环中还可以嵌套循环，就是多重循环。三种循环可以互相嵌套。

(6) while、do-while 和 for 语句，可以使用 break 语句跳出循环，用 continue 语句结束本次循环。

(7) 当 break 语句用于开关语句 switch 中时，可使程序跳出 switch 而执行下面的语句。当 break 语句用于 while、do-while、for 语句时，可使程序终止循环而执行循环后面的语句，通常 break 语句总是与 if 语句搭配使用，即满足条件时便跳出循环。

(8) continue 语句是结束本次循环，即跳过循环体中下面尚未执行的语句，接着进行下一次循环的判断。

5.2 习题与解析

一、单项选择题

(1) C 语言中下列叙述正确的是(D)。

A. 不能使用 do-while 语句构成的循环

B. do-while 语句构成的循环，必须用 break 语句才能退出

C. do-while 语句构成的循环，当 while 语句中的表达式值为非零时结束循环

D. do-while 语句构成的循环，当 while 语句中的表达式值为零时结束循环

解析：略

(2) C 语言中 while 和 do-while 循环的主要区别是(A)。

A. do-while 的循环体至少无条件执行一次

B. while 的循环控制条件比 do-while 的循环控制条件严格

C. do-while 允许从外部转到循环体内

D. do-while 的循环体不能是复合语句

解析：略

(3) 执行下面程序片段的结果是（ B ）。

```
int x=23;
do
{
    printf("%2d",x--);
}while(!x);
```

A. 打印出 321　　B. 打印出 23

C. 不打印任何内容　　D. 陷入死循环

解析：do-while 循环是先执行语句再判断表达式，x－－表示先使用 x 的值(23)用于 printf 输出，再进行自减运算，此时判断 while(! x)条件不成立，终止循环，故本题输出结果为 23。

(4) 有以下程序段

```
int k=0;
while(k=1)k++;
```

while 循环执行的次数是（ A ）。

A. 无限次　　B. 有语法错，不能执行

C. 一次也不执行　　D. 执行 1 次

解析：while 的表达式为 k＝1，表示给 k 赋值为 1，并不是判断 k 是否为 1(k＝＝1)，故给 k 赋值为 1，恒为真，循环执行无限次。

(5) 语句 while(! E);中的表达式! E 等价于（ A ）。

A. E＝＝0　　B. E!＝1　　C. E!＝0　　D. E＝＝1

解析：条件判断! E 表达式为真(即为 1)，执行循环，相当于 E 为 0。

(6) 有以下程序段

```
int n=0,p;
do {scanf("%d",&p);n++;} while(p!=12345&&n<3);
```

此处 do-while 循环的结束条件是（ D ）。

A. p 的值不等于 12345 并且 n 的值小于 3

B. p 的值等于 12345 并且 n 的值大于等于 3

C. p 的值不等于 12345 或者 n 的值小于 3

D. p 的值等于 12345 或者 n 的值大于等于 3

解析：此题的循环条件是一个包含多种运算符的表达式，逻辑运算符的优先级别低于算术运算符，故此循环条件等价于(p!＝12345)&&(n＜3)。

(7) 有以下程序

```
#include <stdio.h>
int main()
{   int i,s=0;
```

```
    for(i=1;i<10;i+=2)
        s+=i+1;
    printf("%d\n",s);
}
```

程序执行后的输出结果是(D)。

A. 自然数 1～9 的累加和　　B. 自然数 1～10 的累加和

C. 自然数 1～9 中奇数之和　　D. 自然数 1～10 中偶数之和

解析：for 循环中，循环变量初值为 1，条件 i<10，循环变量增量每次自加 2，因此循环共执行 5 次，并对每次的 i+1 值进行累加，故此题是求自然数 1～10 中偶数之和。

(8) 有如下程序，若要使输出值为 2，则应该从键盘给 n 输入的值是(B)。

```
#include <stdio.h>
int main( )
{   int s=0,a=1,n;
    scanf("%d",&n);
    do
    {
        s+=1;
        a=a-2;
    }while(a!=n);
    printf("%d\n",s);
}
```

A. －1　　B. －3　　C. －5　　D. 0

解析：此题应当用逆推的方法，s 最后的输出结果为 2，当第一次执行循环体语句时，s＝1，a＝－1，由于 s 是个累加器每次增 1，说明 a 和 n 肯定不等，进行下一次循环体语句，s＝2，a＝－3，此时 s 的值和输出结果一致，循环结束，说明 a 和 n 相等，由此判断 n＝－3。

二、阅读程序题

(1) 有以下程序

```
#include <stdio.h>
int main( )
{   char c;
    while((c=getchar( ))!='?')
        putchar(--c);
    return 0;
}
```

程序运行时，如果从键盘输入：Y? N? ＜回车＞，则输出结果为 <u>X</u>。

解析：此题的循环条件为只要从键盘上输入的字符不为“?”，就执行循环体语句输出相应非“?”字符的前一个字符。当从键盘输入多个字符且包含多个“?”遇到第一个时循环条件不满足即退出循环，故输出 Y 的前一个字符 X(Y 的 ASCⅡ代码值为 89，X 的 ASCⅡ代码值为 88)。

(2) 下面程序的输出结果是__1 2 5 10__。

```
#include <stdio.h>
int main( )
{   int i,x=10;
    for(i=1;i<=x;i++)
        if(x%i==0)
            printf("%d ",i);
    return 0;
}
```

解析：for 循环初值为 1,i<=10,循环执行 10 次,循环体语句为 if 语句,10 依次除以每次的 i,如果能被整除则输出此次循环的 i 值,否则进行下一次循环。此题实质是求某正整数的所有因子(包含 1 和其本身)。

(3) 以下程序运行后,如果从键盘上输入 1298,则输出结果是__8921__。

```
#include <stdio.h>
int main( )
{
    int n1,n2;
    scanf("%d",&n2);
    while(n2!=0)
    {
        n1=n2%10;
        n2=n2/10;
        printf("%d",n1);
    }
    return 0;
}
```

解析：n1 用于求 n2 的个位数字并输出,n2 通过除以 10 取整得到除了最低位以外的新数,每执行一次循环得到当前数的个位数字,直到 n2 的值等于 0 循环终止。输入的数字为几位数,循环执行几次。

(4) 下面程序的输出结果是__15__。

```
#include <stdio.h>
int main( )
{   int i,sum=0;
        for(i=1;i<6;i++)
            sum+=i;
        printf("%d",sum);
        return 0;
}
```

解析：题目本意为 for 循环初值为 1,循环执行 5 次,每次对 i 的值进行累加,sum 初值为 0,输出结果为 15,实现 1 到 5 的累加和。

(5) 下面程序的输出结果是**!
*!!
!!!。

```
#include <stdio.h>
int main()
{   int i,j;
    for(i=2;i>=0;i--)
    {
        for(j=1;j<=i;j++)
            printf("*");
        for(j=0;j<=2-i;j++)
            printf("!");
        printf("\n");
    }
    return 0;
}
```

解析：此题以i为循环变量的外循环共执行3次。当i=2时，执行第一个内循环，j从1到2共输出2个*，再执行第二个内循环，j从0到2-i(0)输出1个!；当i=1时，执行顺序同上应输出1个*，2个!；当i=0时，输出3个!。

(6) 下面程序的输出结果是 1,1 。

```
#include <stdio.h>
int main()
{   int  i,j=0,a=0;
    for(i=0;i<5;i++)
        do
        {
            if(j%3)
                break;
            a++;
            j++;
        }while(j<10);
        printf("%d,%d\n",j,a);
    return 0;
}
```

解析：略

(7) 下面程序的输出结果是 852 。

```
#include <stdio.h>
int main()
{   int   x=9;
        for( ;x>0; )
        {
```

```
        if(x%3==0)
        {
            printf("%d",--x);
            continue;
        }
        x--;
    }
    return 0;
}
```

解析：for 循环 for(;x>0;)中省略了两个表达式，分别写在了 for 循环前和循环体中。循环共执行 9 次，x 从 9 到 1 依次除以 3，如果能被 3 整除即 x%3==0，则输出--x 的值。该程序实质上是当 x 被 3 整除时打印输出，只是需要注意--x 和 x--的区别。

(8) 下面程序的输出结果是___***#___。

```
#include <stdio.h>
int main()
{   int i,j=2;
    for(i=1;i<=2*j;i++)
        switch(i/j)
        {
            case 0: case 1: printf("*");break;
            case 2: printf("#");
        }
    return 0;
}
```

解析：此题是 for 循环中嵌套 switch 语句。for 循环从 1 到 4 共执行 4 次。通过 i/j 的结果依次对应输出结果。

三、程序设计题

(1) 输入 1 个正整数 n，计算下式的前 n 项之和（保留 4 位小数）。

$$e=1+1/1!+1/2!+\ldots+1/n!$$

要求使用嵌套循环和单循环两种方法实现。

分析：单循环实现时，先求 n!，同时考虑累加求和；嵌套循环实现时，内循环用于做阶乘，外循环用于做累加求和。

参考程序 1（单循环实现）如下：

```
#include <stdio.h>
int main()
{   double fact=1,e=1;
    int i,n;
    scanf("%d",&n);
    for(i=1;i<=n;i++)
    {
```

```
        fact * =i;
        e+=1/fact;
    }
    printf("e = %0.4f\n",e);
    return 0;
}
```

参考程序2(嵌套循环实现)如下：

```
#include <stdio.h>
int main( )
{   double fact,e;
    int i,j,n;
    scanf("%d",&n);
    e = 1;
    for (i = 1; i <= n; i++)
    {
        fact = 1;
        for(j = 1; j <= i; j++)
            fact = fact * j;
        e = e + 1/fact;
    }
    printf("e = %0.4f\n", e);
    return 0;
}
```

(2) 猴子吃桃问题。猴子第一天摘下若干个桃子，当即吃了一半，还不过瘾，又多吃了一个。第二天早上又将剩下的桃子吃掉一半，又多吃了一个。以后每天早上都吃了前一天剩下的一半零一个。到第十天早上想再吃时，就只剩一个桃子了。求第一天共摘多少桃子。

分析：此题用倒推的办法，需要注意循环初始值、条件以及循环变量的设置。

参考程序如下：

```
#include <stdio.h>
int main( )
{   int prev;                          /* 前一天的桃子数 */
    int next=1;                        /* 后一天的桃子数，初值为第10天的桃子数 */
    int i;
    for(i=9;i>=1;i--)
    {
        prev=(next+1) * 2;             /* next=prev-(prev/2+1) */
        next=prev;
    }
    printf("total=%d\n",prev);
    return 0;
}
```

5.3 练习与答案

参考答案

一、单项选择题

(1) 下面程序段的输出结果是(　　)。

```
a=1;b=2;c=2;
while(a<b<c)
{
    t=a;a=b;b=t;c--;
}
printf("%d,%d,%d",a,b,c);
```

A. 2,1,1　　B. 2,1,0　　C. 1,2,1　　D. 1,2,0

(2) 执行下面程序段后,k 值是(　　)。

```
r=1;n=203;k=1;
do{
    k*=n%10*r;n/=10;r++;
}while(n);
```

A. 0　　B. 1　　C. 2　　D. 3

(3) 下面有关 for 循环的正确描述是(　　)。

A. for 循环只能用于循环次数已经确定的情况

B. for 循环是先执行循环体语句,后判断表达式

C. 在 for 循环中,不能用 break 语句跳出循环体

D. for 循环的循环体语句中,可以包含多条语句,但必须用大括号括起来

(4) 对 for(表达式 1;　;表达式 3)可理解为(　　)。

A. for(表达式 1;0 ;表达式 3)

B. for(表达式 1;表达式 3 ;表达式 3)

C. for(表达式 1;表达式 1 ;表达式 3)

D. for(表达式 1;1 ;表达式 3)

(5) C 语言中用于结构化程序设计的三种基本结构是(　　)。

A. 顺序结构、选择结构、循环结构

B. if、switch、break

C. for、while、do-while

D. if、for、continue

(6) 若 i 为整型变量,则以下循环执行次数是(　　)。

```
for(i=3;i>0;)
    printf("%d",i--);
```

A. 无限次　　B. 3 次　　C. 1 次　　D. 2 次

(7) 下面的程序

```
#include <stdio.h>
int main()
{   int x=3;
    do{
        printf("%d\n",x-=2);
    }while(!(--x));
    return 0;
}
```

以下说法正确的是(　　)。

A. 输出的是 1　　B. 是死循环

C. 输出的是 3 和 0　　D. 输出的是 1 和－2

(8) 若有如下程序段,其中 s、a、b、c 均已定义为整型变量,且 a、c 均已赋值(c 大于 0)。

```
s=a;
for(b=1;b<=c;b++)
    s=s+1;
```

则与上述程序段功能等价的赋值语句是(　　)。

A. s＝a＋b;　　B. s＝a＋c;　　C. s＝s＋c;　　D. s＝b＋c;

(9) 以下程序段中的变量已正确定义

```
for( i=0; i<4; i++,i++)
for( k=1; k<3; k++);printf("*");
```

程序段的输出结果是(　　)。

A. ********　　B. ****　　C. **　　D. *

(10) 以下的 for 循环,下列说法正确的是(　　)。

```
for(x=0,y=0;(y!=123)&&(x<5);x++);
```

A. 是无限循环　　B. 循环次数不定　　C. 执行 4 次　　D. 执行 5 次

(11) 以下程序中,while 循环的循环次数是(　　)。

```
#include  <stdio.h>
int main()
{
    int i=0;
    while(i<10)
    {
        if(i<1)
            continue;
        if(i==5)
            break;
        i++;
    }
```

```
    return 0;
}
```

A. 1　　　　　　　　　　　　　　B. 10
C. 6　　　　　　　　　　　　　　D. 死循环,不能确定次数

(12) 若 i 为整型变量,则以下循环执行次数是(　　)。

```
for(i=2;i==0;) printf("%d",i--);
```

A. 无限次　　　B. 0 次　　　C. 1 次　　　D. 2 次

(13) 下面程序的功能是输出以下形式的金字塔图案:

```
   *
  ***
 *****
*******
```

```
#include<stdio.h>
int main()
{
    int i,j;
    for(i=1;i<=4;i++)
    {
        for(j=1;j<=4-i;j++)
        printf(" ");
        for(j=1;j<=________;j++)
        printf("*");
        printf("\n");
    }
    return 0;
}
```

在下画线处应填入的是(　　)。

A. i　　　B. 2*i－1　　　C. 2*i＋1　　　D. i＋2

(14) 以下程序的运行结果是(　　)。

```
int main()
{
    int  i=1,sum=0;
    while(i<10)  sum=sum+1;i++;
    printf("i=%d,sum=%d",i,sum);
    return 0;
}
```

A. i＝10,sum＝9　B. i＝9,sum＝9　C. i＝2,sum＝1　D. 无限循环

(15) 以下程序的功能是:按顺序读入 10 名学生 4 门课程的成绩,计算出每位学生的平均分并输出,程序如下:

```
#include<stdio.h>
int main( )
{
    int n,k;
    float score,sum,ave;
    sum=0.0;
    for(n=1;n<=10;n++)
    {
        for(k=1;k<=4;k++)
        {
            scanf("%f",&score);
            sum+=score;
        }
        ave=sum/4.0;
        printf("NO%d:%f\n",n,ave);
    }
    return 0;
}
```

上述程序运行后结果不正确，调试中发现有一条语句出现在程序的位置不正确。这条语句是(　　)。

A. sum＝0.0;　　B. sum＋＝score;

C. ave＝sum/4.0;　　D. printf("NO%d: %f\n",n,ave);

(16) 以下程序段中的变量已正确定义

```
for( i=0; i<4; i++,i++);
for( k=1; k<3; k++)printf("*");
```

程序段的输出结果是(　　)。

A. ********　　B. ****　　C. **　　D. *

(17) 下列程序的输出为(　　)。

```
int main()
{   int  y=10;
    while(y--);
    printf("y=%d\n",y);
    return 0;
}
```

A. y＝0　　B. while 构成无限循环

C. y＝1　　D. y＝－1

(18) 设 j 和 k 都是 int 类型，for(j＝0,k＝0;j＜＝9&&k!＝876;j＋＋) scanf("%d",&k); 则 for 循环语句 (　　)。

A. 最多执行 10 次　　B. 最多执行 9 次

C. 是无限循环　　D. 循环体一次也不执行

二、程序改错题

参考答案

(1) 编写一个程序模拟袖珍计算器的加、减、乘、除四则运算。
例如：输入 3+5=或 5-2=或 3*4=或 4/2=，求表达式结果。

```
#include<stdio.h>
int main( )
{
  float x,y;
  char operate1;
  printf("Arithmetic expression\n");
  /**********FOUND1**********/
  scanf("%f",x);
  /**********FOUND2**********/
  while((operate1==getchar())!='=')
  {
    printf("result=");
    scanf("%f",&y);
    /**********FOUND3**********/
    switch(y)
    {
      case '+':
              x+=y;break;
      case '-':
              x-=y;break;
      case '*':
              x*=y;break;
      case '/':
              x/=y; break;
    }
  }
  printf("%f",x);
  return 0;
}
```

(2) 以下程序能求出 1*1+2*2+……+n*n<=1000 中满足条件的最大的 n。

```
#include <stdio.h>
int main( )
{
  int n,s;
  /**********FOUND1**********/
  s==n=0;
  /**********FOUND2**********/
  while(s>1000)
  {
```

```
    ++n;
    s+=n*n;
  }
  /**********FOUND3**********/
  printf("n=%d\n",&n-1);
}
```

第6章 函数

6.1 本章要点

C程序由一个或多个函数组成的，每个函数都具有相对独立的功能。本章需了解结构化程序设计方法，熟练掌握函数的定义、参数的传递和函数的调用，理解函数的嵌套调用和递归调用，掌握变量的作用域、存储类别及大程序的组成，掌握预处理中宏定义及文件包含的使用。

(1) C语言源程序是由多个函数组成，有且仅有一个 main 函数，不管 main 函数的位置如何，程序执行都是从 main 函数开始执行，在 main 函数中结束。

(2) 函数的定义是对函数所要完成的操作进行描述。C程序中所有的函数都是平行的，在定义函数时互相独立，一个函数并不从属于另一个函数，即函数不能嵌套定义。

(3) 函数定义由函数首部和函数体两部分组成。函数定义的一般形式为：

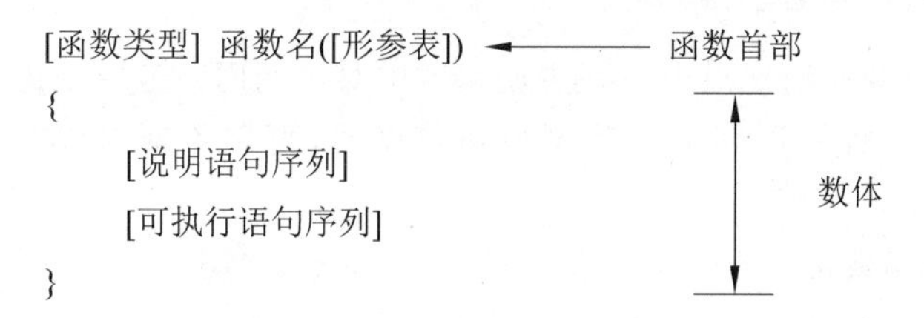

(4) 对于有返回值的函数，通过 return 语句把返回值返回给主调函数。

① 函数中可以有多个 return 语句，无论执行哪个 return 语句，被调用函数均返回主调函数，并带回返回值。

② return 语句只能返回一个值，而不能返回多个值。

③ 如果函数中没有 rcturn 语句，并不代表函数没有返回值，只能说明函数的返回值是一个不确定的值。为了使程序有良好的可读性并减少出错，对于不需要返回值的函数建议定义为 void 类型。

(5) C程序中的函数，只有被调用时其中的语句才会被执行。函数(包括 main 函数)相互之间可以调用，同一个函数可以被一个或多个函数任意调用多次，通过这种调用可以实现程序的总体功能。

(6) 函数调用的一般形式为：

函数名([实参表])

按被调用函数在主调函数中的位置，通常有两种调用方式：

① 函数表达式：适用于有返回值的函数。

② 函数调用语句：适用于无返回值的函数。

(7) 函数调用的执行过程如下：

① 根据函数名找到被调用函数，若没找到，系统将报告出错信息；若找到，继续执行。

② 按一定顺序计算各实参的值。

③ 将实参的值传递给形参。

④ 中断在主调函数中的执行，转到被调用函数的函数体中执行。

⑤ 遇到 return 语句或函数结束的"}"时，返回主调函数，并带回函数返回值。

⑥ 从主调函数的中断处继续执行。

(8) 对于有参数的函数，在调用函数时存在着形参和实参之间的数据传递。

① 只有函数被调用时，编译系统才为该函数的形参分配存储空间。在调用结束后，形参自动从内存中释放。

② 在函数调用时实参必须要有一个确定的值，它可以是常量、变量或表达式。在函数调用时实参的值赋给形参。实参的个数和类型必须和形参的个数和类型相同，或者类型赋值兼容。

③ C 语言规定，实参对形参的数据传递是"值传递"，这是一个单向传递过程，所以在实参与形参传值完成后，在函数内部对形参的任何改变都不会对相应的实参产生任何影响。

(9) 在函数中，若需调用其他函数，调用前要对被调用的函数进行函数声明。函数声明的一般形式为：

```
[函数类型] 函数名([形参表]);
```

C 语言规定以下两种情况可以不在主调函数中对被调用函数原型进行声明：

① 如果被调用函数的返回值是整型或字符型时，可以不对被调用函数声明，而直接调用。

② 如果被调用函数定义在主调函数之前，也可不对其进行声明。

一般来说，比较好的程序书写顺序是：先写函数的声明，然后写 main 函数，最后再写用户自定义函数的定义。

(10) 函数的嵌套调用是在函数中再调用其他函数，函数的递归调用是在函数中调用该函数自身。

① 递归程序设计的关键是归纳出递归式子，不同的问题递归式子也不同，需要具体问题具体分析，然后确定递归出口，递归函数的核心语句就是递归式子和递归出口。

② 用递归编写程序更直观、更清晰、可读性更好，尤其适合非数值计算领域，如汉诺塔问题、旅行售货商问题、八皇后问题等。

(11) C 语言中的变量，按作用域范围可分为局部变量和全局变量两种。

① 在一个函数内部定义的变量称作局部变量，这种变量的作用域是在本函数范围内。局部变量只能在定义它的函数内部使用，而不能在其他函数内使用这个变量。在复合语句内部也可以定义变量，这些变量只在本复合语句内使用。

② 在函数外部定义的变量称作外部变量，外部变量属于全局变量。全局变量的作用域

是从定义变量的位置开始到本源文件结束。

(12) 按生存期变量分为静态存储变量和动态存储变量。在C语言中,变量的存储类型有auto、extern、static和register四种。C语言编译系统规定,函数内定义的变量(包括形参)默认为auto类型,函数外定义的变量默认为extern类型。

auto和register类型变量的生存期和作用域一致,都是在定义它的函数内;extern和static型变量的生存期是整个程序运行期间。

如果将局部变量定义为static类型,则它的作用域不变,但在程序运行期间都存在;如果将全局变量定义为static类型,则它的作用域局限于本源文件中,但生存期不变。静态全局变量和外部变量通常用于多个源文件组成的大程序。

(13) C语言提供了三种预处理命令:宏定义、文件包含和条件编译。

① 宏定义是用宏名表示一个字符串,在宏展开时又以该字符串取代宏名,这只是一种简单的替换。宏定义是由宏定义命令完成的,宏展开是由C编译预处理程序自动完成的。在C语言中,“宏”分为无参宏和有参宏。

② 文件包含是指将一个源文件的全部内容包含到另一个源文件中。文件包含命令中的文件名可以用双引号括起来,也可以用尖括号括起来。一个include命令只能指定一个被包含文件,若有多个文件要包含,则需用多个include命令。文件包含允许嵌套,即在一个被包含的文件中又可以包含另一个文件。

6.2 习题与解析

一、单项选择题

(1) 在调用函数时,如果实参是简单变量,它与对应形参之间的数据传递方式是(B)。

A. 地址传递

B. 单向值传递

C. 由实参传给形参,再由形参传回实参

D. 传递方式由用户指定

解析:在C语言中,函数调用时实参的值传递给形参的方式是“值传递”,这是一个单向传递过程。

(2) C语言中不可以嵌套的是(B)。

A. 函数调用　　B. 函数定义　　C. 循环语句　　D. 选择语句

解析:略

(3) 有如下函数调用语句func(rec1,rec2+rec3,(rec4,rec5));该函数调用语句中,实参个数是(A)。

A. 3　　B. 4　　C. 5　　D. 有语法错

解析:函数调用语句中各实参用逗号隔开,最后一个表达式(rec4,rec5)是逗号表达式。

(4) 以下所列的各函数首部中,正确的是(C)。

A. void play(var :Integer,var b:Integer)

B. void play(int a,b)

C. void play(int a,int b)

D. Sub play(a as integer,b as integer)

解析：在此题中，选项 A 和 D 的格式不符合 C 语言语法要求，而函数首部要求各形参分别定义其类型，所以选项 B 不正确，只有选项 C 正确。

(5) 以下只有在使用时才为该类型变量分配内存的存储类别说明是（ B ）。

A. auto 和 static　　B. auto 和 register

C. register 和 static　　D. extern 和 register

解析：静态(static)变量和外部(extern)变量在编译时分配内存，自动(auto)变量和寄存器(register)变量只有在使用时才分配内存。

(6) 以下叙述中正确的是（ A ）。

A. 构成 C 程序的基本单位是函数

B. 可以在一个函数中定义另一个函数

C. main 函数必须放在其他函数之前

D. 所有被调用的函数一定要在调用之前进行定义

解析：本题的考查点是对函数的理解。选项 B，函数不能嵌套定义，但可以互相调用。所以此选项不对；选项 C 和 D 也不对，因为 main 函数和其他函数的定义位置可以任意。故本题答案为选项 A。

(7) C 语言中，函数类型的定义可以缺省，此时函数的隐含类型是（ B ）。

A. void　　B. int　　C. float　　D. double

解析：本题的考查点是函数类型。C 语言规定，凡不加类型声明的函数，一律自动按 int 类型处理。故本题答案为选项 B。

(8) 若程序中定义了以下函数：

```
double myadd(double a,double b)
{return(a+b);}
```

放在调用语句之后，则在调用之前应该对函数进行声明，以下选项中错误的声明是（ A ）。

A. double myadd(double a, b);

B. double myadd(double,double);

C. double myadd(double b, double a);

D. double myadd(double x, double y);

解析：对函数的定义和声明不是一回事。定义是指对函数功能的确立，包括函数首部和函数体两部分，它是一个完整的、独立的函数单位。而声明则是说明函数的类型和参数的情况，以保证程序编译时能判断对该函数的调用是否正确。

本题选项 A 中，对变量 b 的类型没有说明，不合题意，故本题答案为选项 A。

(9) C 程序中的宏展开是在（ C ）。

A. 编译时进行的　　B. 程序执行时进行的

C. 编译前预处理时进行的　　D. 编辑时进行的

解析：预处理是在编译之前进行。在编译预处理时，对程序中所有出现的“宏名”，都用宏定义中的字符串去替换，这称为宏展开。

(10) 以下程序的程序运行结果为(　B　)。

```
#include <stdio.h>
#define  N  5
#define  M  N+1
#define  f(x)  (x*M)
int main( )
{
    int i1,i2;
    i1=f(2);
    i2=f(1+1);
    printf("%d %d\n",i1,i2);
    return 0;
}
```

A. 12 12　　B. 11 7　　C. 11 11　　D. 12 7

解析：宏展开只作简单的字符串替换，所以 f(2)=(2*M)=(2*N+1)=(2*5+1)=11，f(1+1)=(1+1*M)=(1+1*N+1)=(1+1*5+1)=7。

(11) 以下叙述中正确的是(　B　)。

A. 预处理命令行必须位于 C 源程序的起始位置

B. 在 C 语言中，预处理命令行都以"#"开头

C. 每个 C 程序必须在开头包含预处理命令行：#include

D. C 语言的预处理不能实现宏定义和条件编译的功能

解析：选项 A 中预处理命令行可以出现在 C 源程序中的任意位置；选项 C 中程序不一定在开头包含预处理命令行：#include；选项 D 中 C 语言的预处理能够实现宏定义和条件编译的功能，只有选项 B 是正确的。

(12) 有以下程序：

```
#define f(x)     (x*x)
int main( )
{
    int i1, i2;
    i1=f(8)/f(4);
    i2=f(4+4)/f(2+2);
    printf("%d, %d\n",i1,i2);
    return 0;
}
```

程序运行后的输出结果是(　C　)。

A. 64，28　　B. 4，4　　C. 4，3　　D. 64，64

解析：宏展开后 i1=(8*8)/(4*4)=4;i2=(4+4*4+4)/(2+2*2+2)=3。

二、阅读程序题

(1) 以下程序的输出结果是 15 。

```
#include <stdio.h>
int  f()
{
    static int i=0;
    int s=1;
    s+=i;
    i++;
    return s;
}
int main()
{
    int i,a=0;
    for(i=0;i<5;i++) a+=f();
    printf("%d\n",a);
    return 0;
}
```

解析：此题考查的是静态局部变量。在f函数的内部定义了一个静态变量i，对这个函数调用了五次。虽然在函数内部有一条赋初值语句，但由于i是静态变量，i的初值是在编译时赋值的，所以在对f函数进行第一次调用时i=0，以后对该函数的调用时就直接使用i的值而不再赋初值了，所以i的值在5次函数调用开始时依次为0,1,2,3,4,s变量是局部变量，每次函数调用开始时均为1，所以函数返回值依次为1,2,3,4,5，在main函数中累加和为15。

(2) 下列程序的输出结果是 8 4 。

```
#include <stdio.h>
int d=1;
void fun (int p)
{
    int d=5;
    d +=p++;
    printf("%d  ",d);
}
int main()
{
    int a=3;
    fun(a);
    d+= a++;
    printf("%d\n",d);
    return 0;
}
```

解析：此题考查的是全局变量和局部变量的作用域。如果在一个函数内部，一个局部变量和一个全局变量重名，局部变量起作用，外部变量不起作用。在 fun 函数中是局部变量 d 起作用，值为 5，形参 p 的值是实参 a 传递过来的，值为 3，相加得到值为 8。在 main 函数中，是全局变量 d 起作用，值为 1，和 a 相加得到值为 4。

(3) 下列程序的输出结果是<u> 12 </u>。

```
#include <stdio.h>
int f(int n)
{
    if (n==1) return 1;
    else return f(n-1)+3;
}
int main( )
{
    int i,j=0;
    for(i=1;i<4;i++)
        j+=f(i);
    printf("%d\n",j);
    return 0;
}
```

解析：此题考查的是函数的递归调用。在 main 函数中 j=f(1)+f(2)+f(3)，用递归求解问题分为递推和回归两个阶段：

① 递推阶段：求 f(3)=f(2)+3；f(2)=f(1)+3；f(1)=1

② 回归阶段：f(1)=1；f(2)=4；f(3)=7

由此得到 j=1+4+7=12。

三、程序填空题

(1) 程序功能：计算并输出 high 以内最大的 10 个素数之和，high 由 main 函数传给 fun 函数，若 high 的值为 100，则函数的值为 732。

```
#include <stdio.h>
int fun( int  high)
{
  int sum = 0,  n=0,  j,  yes;
  while ((high >= 2) && (n<10))              /* n 中存储的是素数的个数 */
  {
    yes = 1;
    for (j=2; j<=high/2; j++ )               /* 判断 high 是否是素数 */
      if(high%j==0)
      {
        yes=0;
        break;
      }
```

```
        if (yes)
        {
          sum +=high;
          n++;
        }
      high--;
    }
    return sum;                                    /* 返回 10 个素数的和 */
}
int main ( )
{
    printf("%d\n", fun (100));
    return 0;
}
```

(2) 程序功能：计算 sum＝1＋(1＋1/2)＋(1＋1/2＋1/3)＋... (1＋1/2＋...1/n)的值。

```
#include <stdio.h>
double f(int n)                                    /* 函数功能是求 1+1/2+...+1/n 的值 */
{
    int i;
    double s;
    s=0;
    for(i=1;i<=n;i++)
        s+=1.0/i;
    return s;
}
int main()
{
    int i,m=3;
    double sum=0;
    for(i=1;i<=m;i++)
        sum+=f(i);
    printf("sum=%lf\n",sum);                       /* 输出双精度变量 sum 的值 */
    return 0;
}
```

四、程序设计题

(1) 编写函数计算并输出给定整数 n 的所有因子之和(不包括 1 和它本身)。例如：n 的值为 855 时，应输出 704。

参考程序如下：

```
#include <stdio.h>
int fun(int n);                                    /* 声明 fun 函数 */
int main()
```

```
{
    int m,k;
    printf("请输入一个整数:");
    scanf("%d",&m);
    k=fun(m);
    printf("%d的所有因子之和为:%d\n",m,k);
    return 0;
}
int fun(int n)                          /*求n的所有因子之和*/
{
    int sum=0,i;
    for(i=2;i<n;i++)
        if(n%i==0)                      /*判断i是否是n的因子*/
            sum+=i;
    return sum;
}
```

(2) 编写函数计算一分数序列 2/1,3/2,5/3,8/5,13/8,21/13…的前 n 项之和。

说明:每一分数的分母是前两项的分母之和,每一分数的分子是前两项的分子之和

例如:求前 20 项之和的值为 32.660259。

参考程序如下:

```
#include <stdio.h>
float fun(int n)
{
    int i;
    float f1=1,f2=1,f3,s=0;
    for(i=1;i<=n;i++)
    {
        f3=f1+f2;
        f1=f2;
        f2=f3;
        s=s+f2/f1;
    }
    return s;
}
int main()
{
    float y;
    y=fun(20);
    printf("y-%f\n",y);
    return 0;
}
```

(3) 编写函数 fun,其功能为:对一个任意位数的正整数 n,从个位起计算隔位数字之和,即个位、百位、万位……数字之和。例如输入 1234567,7+5+3+1 的结果为 16。

参考程序如下：

```
#include <stdio.h>
int fun(int n)
{
    int sum=0;
    while(n>0)
    {
        sum=sum+n%10;
        n=n/100;
    }
    return sum;
}
int main()
{
    int n;
    printf("输入一个正整数: ");
    scanf("%d",&n);
    printf("从个位起,隔位数字之和是%d\n",fun(n));
    return 0;
}
```

(4) 三角形的面积公式为 $area=\sqrt{s(s-a)(s-b)(s-c)}$，其中 $s=0.5(a+b+c)$，a、b、c为三角形的三边。定义两个带参数的宏，一个用来求 s，另一个用来求 area。编写程序，在程序中用宏来求三角形的周长和面积。

参考程序如下：

```
#include <stdio.h>
#include <math.h>
#define S(a,b,c) 0.5*(a+b+c)
#define AREA(a,b,c) sqrt(S(a,b,c)*(S(a,b,c)-a)*(S(a,b,c)-b)*(S(a,b,c)-c))
int main( )
{
    float a,b,c;
    printf("输入三角形的三条边长:a,b,c\n");
    scanf("%f,%f,%f",&a,&b,&c);
    if((a+b>c)&&(b+c>a)&&(c+a>b))
    {
        printf("周长=%f\n",2*S(a,b,c));
        printf("面积=%f\n",2*AREA(a,b,c));
    }
    else
        printf("a,b,c的长度不能构成三角形\n");
    return 0;
}
```

6.3 练习与答案

参考答案

一、单项选择题

(1) 在C语言程序中，下面说法正确的是(　　)。

A. 函数的定义可以嵌套，但函数的调用不可以嵌套

B. 函数的定义不可以嵌套，但函数的调用可以嵌套

C. 函数的定义和函数调用均可以嵌套

D. 函数的定义和函数调用不可以嵌套

(2) C语言中，以下说法正确的是(　　)。

A. 实参和与其对应的形参各占用独立的存储单元

B. 实参和与其对应的形参共占用一个存储单元

C. 只有当实参和与其对应的形参同名时才共占用存储单元

D. 形参是虚拟的，不占用存储单元

(3) 以下说法中正确的是(　　)。

A. C语言程序总是从main函数开始执行

B. 在C语言程序中，要调用的函数必须在main函数中定义

C. C语言程序总是从第一个函数开始执行

D. C语言程序中的main函数必须放在程序的开始部分

(4) 用户定义的函数不可以调用的函数是(　　)。

A. 非整型返回值的　　　　B. 本文件外的

C. 未定义的函数　　　　D. 本函数下面定义的

(5) 在C语言中，调用函数除函数名外，还必须有(　　)。

A. 函数预说明　　B. 实际参数　　C. ( )　　D. 函数返回值

(6) 在一个C程序中(　　)。

A. main函数必须出现在所有函数之前

B. main函数可以在任何地方出现

C. main函数必须出现在所有函数之后

D. main函数必须出现在固定位置

(7) C语言规定，函数返回值的类型是由(　　)。

A. return语句中的表达式类型所决定

B. 调用该函数时的主调函数类型所决定

C. 调用该函数时系统临时决定

D. 在定义该函数时所指定的函数类型所决定

(8) 有以下程序

```
int fun(int a, int b)
{
    if(a>b) return(a);
```

```
    else return(b);
}
int main()
{
    int x=3, y=8, z=6, r;
    r=fun(fun(x,y), 2*z);
    printf("%d\n", r);
    return 0;
}
```

程序运行后的输出结果是(　　)。

A. 3　　B. 6　　C. 8　　D. 12

(9) 以下叙述中错误的是(　　)。

A. 用户定义的函数中可以没有 return 语句

B. 用户定义的函数中可以有多个 return 语句,以便可以调用一次返回多个函数值

C. 用户定义的函数中若没有 return 语句,则应当定义函数为 void 类型

D. 函数的 return 语句中可以没有表达式

(10) 以下函数调用语句中实参的个数是(　　)。

```
func((e1,e2),(e3,e4,e5));
```

A. 2　　B. 3　　C. 5　　D. 语法错误

(11) 以下正确的说法是(　　)。

A. 定义函数时,形参的类型说明可以放在函数体内

B. return 后边的值不能为表达式

C. 如果函数类型与返回值类型不一致,以函数类型为准

D. 如果形参与实参类型不一致,以实参类型为准

(12) 以下叙述中不正确的是(　　)。

A. 在不同的函数中可以使用相同名字的变量

B. 函数中的形式参数是局部变量

C. 在一个函数内定义的变量只在本函数范围内有效

D. 在一个函数内的复合语句中定义的变量在本函数范围内有效

(13) 关于 return 语句,下列正确的说法是(　　)。

A. return 语句中必须有表达式

B. 必须在每个函数中出现

C. 可以在同一个函数中出现多次

D. 只能在除主函数之外的函数中出现一次

(14) 有以下程序

```
#include <stdio.h>
#define ADD(x) x+x
int main()
{
```

```
    int m=1,n=2,k=3;
    int sum=ADD(m+n) * k;
    printf("sum=%d",sum);
    return 0;
}
```

程序的运行结果是(　　)。

A. sum=9　　B. sum=10　　C. sum=12　　D. sum=18

(15) 有以下程序

```
#include  <stdio.h>
#define  PT  3.5;
#define  S(x)  PT*x*x;
int main()
{
    int  a=1,b=2;
    printf("%4.1f\n",S(a+b));
    return 0;
}
```

程序运行后的输出结果是(　　)。

A. 14.0　　B. 31.5

C. 7.5　　D. 程序有错无输出结果

(16) 以下程序

```
#include <stdio.h>
#define SUB(a) (a)+(a)
int main()
{
    int a=2,b=3,c=5,d;
    d=SUB(a+b) * c;
    printf("%d\n",d);
    return 0;
}
```

程序运行后的结果是(　　)。

A. 0　　B. 30　　C. −20　　D. 10

(17) 以下叙述中正确的是(　　)。

A. 全局变量的作用域一定比局部变量的作用域范围大

B. 静态变量的生存期贯穿于整个程序的运行期间

C. 函数的形参都属于全局变量

D. 未在定义语句中赋初值的 auto 变量和 static 变量的初值都是随机值

(18) 以下程序的结果是(　　)。

```
#include <stdio.h>
int a,b;
```

```
void fun()
{
    a=100; b=200;
}
int main( )
{
    int  a=5,b=7;
    fun();
    printf("%d %d\n",a,b);
    return 0;
}
```

A. 100 200　　B. 5 7　　C. 200 100　　D. 7 5

参考答案

二、程序改错题

下面给定的程序存在错误，请改正。注意：不得增行或删行，也不得更改程序的结构。

(1) 功能：求出两个非零正整数的最大公约数，并作为函数值返回。

例如：若给 num1 和 num2 分别输入 49 和 21，则输出的最大公约数为 7。

```
#include <stdio.h>
int fun(int a,int b)
{
    int r,t;
    if(a<b)
    {
        t=a;
        /**********FOUND1**********/
        b=a;
        /**********FOUND2**********/
        a=t;
    }
    r=a%b;
    while(r!=0)
    {
        a=b;
        b=r;
        /**********FOUND3**********/
        r=a/b;
    }
    /**********FOUND4**********/
    return a;
}
int main()
{
    int num1,num2,a;
```

```
    scanf("%d%d",&num1,&num2);
    a=fun(num1,num2);
    printf("the maximum common divisor is %d\n\n",a);
    return 0;
}
```

（2）main 函数调用 fun 函数，其中 fun 函数的功能是：找出 100 到 999 之间（含 100 和 999）所有整数中各位上数字之和为 x（x 为正整数）的整数并输出，符合条件的整数个数作为函数值返回。

例如，当 x 值为 5 时，满足条件的整数有：

104、113、122、131、140、203、212、221、230、302、311、320、401、410、500，一共 15 个。

```
#include<stdio.h>
/***********FOUND1***********/
void fun(int x)
{
    int n,s1,s2,s3,t;
    n=0;
    t=100;
    while(t<=999)
    {
/***********FOUND2***********/
        s1=t%10; s2=t%10%10; s3=t/100;
        if(s1+s2+s3==x)
        {
            printf("%5d",t);
            n++;
        }
        t++;
    }
    return n;
}
int main()
{
    int x=-1;
    while(x<=0)
    {
        printf("Please input x(x>0):");
/***********FOUND3***********/
        scanf("%d",x);
    }
    printf("\nThe result is: %d\n",fun(x));
    return 0;
}
```

第7章 数组

7.1 本章要点

由若干个类型相同的相关数据按顺序存储在一起形成的一组有序数据的集合称为数组。构成数组的每一个数据项称为数组元素,同一数组中的元素必须具有相同的数据类型,而且这组数据在内存中占用一段连续的存储单元。

1. 一维数组

(1) 一维数组的定义形式为:类型说明符 数组名[常量表达式];

类型说明符表明数组中每个元素的数据类型。数组名的命名规则遵循标识符的命名规则。常量表达式的值是数组的长度,即数组中包含元素的个数。数组元素下标值从0开始,是一组连续的自然数,下标的最大值是数组长度减1。

(2) 一维数组的引用:对于数值数组,只能单个引用数组元素而不能一次引用整个数组。

一维数组元素的引用方式:数组名[整型表达式];其中整型表达式可以是整型常量,也可以是整型变量或整型表达式。

(3) 一维数组的初始化:在定义数组的同时给数组赋初值称为数组的初始化。

一维数组初始化的一般形式为:类型说明符 数组名[常量表达式]={值,值,……}。

2. 二维数组

(1) 二维数组定义的一般形式:类型说明符 数组名[常量表达式][常量表达式];

C语言中,二维数组的元素是按行存放的,即在内存中先按顺序存放第0行的元素,然后再存放第1行的元素,依此类推。

(2) 二维数组的引用形式为:数组名[整型表达式][整型表达式];其中整型表达式可以是整型常量,也可以是整型变量或整型表达式。

(3) 二维数组的初始化可以用下面的方法实现:

① 分行赋初值。例如 int a[3][4]={{1,2,3,4},{5,6,7,8},{9,10,11,12}};。

② 可以将所有数据写在一个大括号内,按数组元素存放的顺序依次赋值。例如,int a[3][4]={1,2,3,4,5,6,7,8,9,10,11,12};。

③ 可以对部分元素赋初值。例如,int a[3][4]={{1},{5},{9}};它的作用是只对各行第0列的元素赋值,其余元素的值自动为0;也可以把部分元素写在一个大括号内,但赋值结果不同,例如,int a[3][4]={1,5,9};它表示对第0行的前3个元素赋值,其余元素的值自动为0。

④ 如果对全部元素赋初值,则可以不指定第一维的长度,但第二维长度不能省略。例如,int a[][4]={1,2,3,4,5,6,7,8,9,10};系统会自动计算第一维的长度x=[10/4]=3,其中[x]表示不小于x的最小整数,该数组有3行。

3. 字符数组

一维字符数组的定义形式：char 数组名[常量表达式];

字符数组用来存放字符型数据,它的初始化可以逐个字符赋给数组中各个元素。例如,char c[6]={ 'I', 'a', 'm', 'y', 'o', 'h'};

引用字符数组的一个元素,可以得到一个字符。

字符串是由若干字符构成,且以字符'\0'作为结束标志的一个字符序列,字符串常量是由双引号括起来的一个字符串。一个一维字符数组可以用来存放一个字符串。

C语言允许用一个字符串常量来初始化字符数组,而不必使用一串单个字符。例如,char c[]={"china"};或 char c[]="china";用字符串常量初始化时,可以不指定数组的长度,由字符串中字符加上字符串结束标志'\0'的总数来确定,也就是字符串长度加1。

C语言的库函数中提供了很多用来处理字符串的函数,大大方便了字符串的处理。常用的字符串处理函数有：字符串输入函数 gets()、字符串输出函数 puts()、字符串比较函数 strcmp()、字符串拷贝函数 strcpy()、字符串连接函数 strcat()、字符串长度测试函数 strlen()等。以上函数的参数中字符串可以是字符串常量,也可以是字符数组。

4. 数组名作函数参数

数组名作为函数的参数,其本质是把数组的首地址传给形参数组(地址传递),使形参数组与实参数组共享同一段存储空间。因此在被调用函数中对形参数组的访问,实质上就是对主调函数中实参数组的访问。用数组名作函数参数,应该在主调函数和被调用函数中分别定义实参数组和形参数组,且数据类型必须一致,形参数组定义时第一维长度可以省略。

7.2 习题与解析

一、单项选择题

(1) 数组说法错误的是(B)。

A. 必须先定义,后使用

B. 定义数组的长度可以用一个已经赋值的变量表示

C. 数组元素引用时,下标从0开始

D. 数组中的所有元素必须是同一种数据类型

解析：定义数组的长度必须是常量或常量表达式，不能用一个已经赋值的变量表示。

(2) 下列描述中错误的是(C)。

A. 字符型数组中可以存放字符串

B. 可以对字符型数组进行整体输入、输出

C. 可以对整型数组进行整体输入、输出

D. 不能在赋值语句中通过赋值运算符"="对字符型数组进行整体赋值

解析：对于数值型数组，只能逐个引用数组元素，不能进行整体输入、输出。

(3) 以下定义语句中，错误的是(D)。

A. int a[]={1,2}; B. char a[3*4];

C. char s[10]="test"; D. int n=5,a[n];

解析：定义数组时，表示数组长度的表达式可以是常量或常量表达式，但不能用变量定义数组的长度，给数组全部元素赋值初始化时，可以省略数组长度。

(4) 下列正确的二维数组定义是(B)。

A. int a[2][]={{1,2},{2,4}}; B. int a[][2]={1,2,3,4};

C. int a[2][2]={{1},{2},{3},{4}}; D. int a[][]={{1,2},{3,4}};

解析：二维数组定义并初始化时，第一维的长度可以省略，但第二维长度不能省略，所以选项A和D错误；初值列表中{}的个数是二维数组的第一维长度，选项C中有4个{}，而定义第一维长度却是2，因此，只有选项B正确。

(5) 若有以下说明 int a[][4]={1,2,3,4,5,6,7,8,9}，则数组的第1维大小是(B)。

A. 2 B. 3 C. 4 D. 不确定

解析：二维数组初始化时，第一维长度可以省略，其值根据初值列表来确定，如果初值列表中有{}，则由{}的个数确定第一维长度，如果初值列表中没有{}，则可通过下列公式[x]=[s/n]计算第一维的长度，其中，[x]：不小于x的最小整数，s：初值个数，n：第二维长度，[9/4]=3，所以选项B正确。

(6) 下列选项正确的是(D)。

A. char str[8];str="xuesheng"; B. char str[];str="xuesheng";

C. char str[8]="xuesheng"; D. char str[]="xuesheng";

解析：数组名为地址常量，不能放在赋值符号左边，所以选项A、B不正确。字符串后有一个字符串结束标志'\0'与字符串一起存放在内存中，选项C中字符串长度为8，加上字符串结束标志，在内存中需要占9个字节，而数组长度为8，所以选项C错误。一维数组初始化时可以省略长度，所以选项D正确。

(7) 若有 char a[10]="xuesheng";，则下列不能输出该字符串的是(D)。

A. puts(a);

B. printf("%s",a);

C. int i;for(i=0;i<8;i++)printf("%c",a[i]);

D. putchar(a);

解析：putchar 函数只能输出一个字符。

(8) 对于字符串的操作，下列说法中正确的是(C)。

A. 可用赋值表达式对字符数组赋值，如 char str[20];str="xuesheng";

B. 若有字符数组 a 和 b，且 a＞b，则 strcmp(a，b)为非负数

C. 可用 strcpy 函数进行字符串的复制来完成字符数组的赋值

D. 字符串"hello"在内存中占用 5 个字节

解析：选项 A 中数组名是地址常量，不能赋值，选项 B 的比较结果为正整数，选项 D 中'\0' 与字符串一起存放在内存中，所以占 6 个字节，经常用 strcpy 函数进行字符串的复制来完成字符数组的赋值，故选项 C 正确。

(9) 若有说明：int a[][4]＝{0,0}；则下面不正确的叙述是（ D ）。

A. 数组 a 的每个元素都可得到初值 0

B. 二维数组 a 的第一维大小为 1

C. 数组 a 有 4 个元素，且所有元素的初值为 0

D. 有元素 a[0][0]和 a[0][1]可得到初值 0，其余元素的初值不确定

解析：数组元素初始化时，初值个数小于元素个数时，系统会自动补 0，即不足数据的元素用 0 赋值，选项 A 中已知值都是 0，所以每个元素的值都是 0，正确。相对而言，选项 D 就是错误的。

(10) char str[9]＝"China"；数组元素个数为（ C ）。

A. 5　　B. 6　　C. 9　　D. 10

解析：数组定义时已给定数组的长度，也就是元素个数。只有当长度省略时才根据初值个数来确定元素个数，用字符串赋初值时，字符串结束标志'\0'也要赋值给一个元素。

二、阅读程序题

(1) 以下程序的输出结果是 852 。

```
#include <stdio.h>
int main()
{
    int  i,a[10];
    for(i=9;i>=0;i--)
        a[i]=10-i;
    printf("%d%d%d",a[2],a[5],a[8]);
    return 0;
}
```

解析：循环中给 a[i]赋值 10－i，所以输出 a[2]为 8，a[5]为 5，a[8]为 2。

(2) 以下程序的输出结果是 5,20 。

```
#include <stdio.h>
#include <string.h>
int main()
{
    char st[20]="hello\0\t\\";
    printf("%d,%d\n",strlen(st),sizeof(st));
    return 0;
}
```

解析：strlen 函数是求字符串的长度，'\0'前面有 5 个字符，所以字符串长度为 5，sizeof( ) 运算符是求数组所占内存的字节数，此题中为字符数组，一个元素占 1 个字节，所以数组的长度即为该数组所占内存字节数为 20。

(3) 有以下程序

```
#include <stdio.h>
int main()
{
    int  m[][3]={1,4,7,2,5,8,3,6,9};
    int  i,j,k=2;
    for(i=0;i<3;i++)
        printf("%d ",m[k][i]);
    return 0;
}
```

执行后输出结果是 3 6 9 。

解析：数组共有三行，第 0 行元素值为 1,4,7；第 1 行元素值为 2,5,8；第 2 行元素值为 3,6,9。循环语句中输出的是第 2 行中所有元素值。

(4) 以下程序运行后的输出结果是 7 5 3 1 0 2 4 6 。

```
#include <stdio.h>
int main()
{
    int x[]={1,3,5,7,2,4,6,0},i,j,k;
    for(i=0;i<3;i++)
        for (j=2;j>=i;j--)
            if(x[j+1]>x[j]){ k=x[j];x[j]=x[j+1];x[j+1]=k;}
    for (i=0;i<3;i++)
        for(j=4;j<7-i;j++)
            if(x[j]>x[j+1]){ k=x[j];x[j]=x[j+1];x[j+1]=k;}
    for (i=0;i<8;i++)
        printf("%d ",x[i]);
    printf("\n");
    return 0;
}
```

解析：程序中两个双重循环都是冒泡排序算法。第 1 个双重循环实现 x[0]到 x[3]的从大到小排序，第 2 个双重循环实现 x[4]到 x[7]的从小到大排序。所以输出结果为 7 5 3 1 0 2 4 6。

(5) 以下程序运行后的输出结果是 1 3 7 15 。

```
#include <stdio.h>
int main()
{
    int i,n[]={0,0,0,0,0};
    for(i=1;i<=4;i++)
```

```
    {
        n[i]=n[i-1] * 2+1;
        printf("%d ",n[i]);
    }
    return 0;
}
```

解析：此程序为由公式 n[i]= n[i-1] * 2+1 递推计算 n[1]到 n[4]的值，并输出，且 n[0]=0。所以 n[1]=1，n[2]=3，n[3]=7，n[4]=15。

(6) 下列程序段的输出结果是 <u>hello</u> 。

```
#include <stdio.h>
int main( )
{
    char  b[]="hello,you";
    b[5]=0;
    printf("%s\n",b);
    return 0;
}
```

解析：给 b[5]赋值 0，ASCII 值为 0 的字符是'\0'，所以 b[5]中字符为字符串的结束符，输出的字符串为 b[0] 至 b[4]中的字符，即 hello。

三、程序填空题

(1) 以下程序是把一个字符串中的所有小写字母字符全部转换成大写字母字符，其他字符不变，结果保存在原来的字符串中，请填空。

```
#include <stdio.h>
#include <string.h>
#define N 80
int main( )
{
    int j;
    char str[N]=" 123abcdef ABCDEF!";
    printf("***original string ***\n");
    puts(str);
    for(j=0; str[j]!= '\0' ;j++)
    {
        if(str[j]>='a'&&str[j]<='z')
        {
            str[j]= str[j]-32 ;
        }
        else
            str[j]=str[j] ;
    }
    printf("******new string******\n");
```

```
    puts(str);
    return 0;
}
```

解析：要判断字符串中的每个字符，循环初值从0开始，循环终值应为字符是否为'\0'或字符串长度减1，所以第一空填 str[j]!='\0'或 str[j]!=0 或 j<strlen(str)；大写字母的ASCII值是小写字母的ASCII值减去32，所以第二空填 str[j]-32 或 str[j]-'a'+'A'；如果本身不是小写字母，就不需要转换，所以第三空填 str[j]=str[j]或 continue。

(2) 下面程序产生并输出杨辉三角的前七行，请完成程序填空。

```
1
1  1
1  2  1
1  3  3  1
1  4  6  4  1
1  5  10  10  5  1
1  6  15  20  15  6  1
```

```
#include <stdio.h>
int main ( )
{
    int a[7][7];
    int i,j,k;
    for (i=0;i<7;i++)
    {
        a[i][0]=1;
        a[i][i]=1;
    }
    for (i=2;i<7;i++)
        for (j=1;j< i ;j++)
            a[i][j]= a[i-1][j-1]+ a[i-1][j] ;
    for (i=0;i<7;i++)
    {
        for (j=0; j<=i ;j++)
            printf("%6d",a[i][j]);
        printf("\n");
    }
    return 0;
}
```

解析：首先给杨辉三角的第0列和主对角线上的所有元素都赋值1，所以第一个空填 a[i][i]=1，然后求其他元素值，其他元素的计算公式是其上一行的前一列元素值+上一行当前列元素值，第二空填 a[i-1][j-1]+a[i-1][j]。最后输出矩阵的左下三角的所有元素值即可，在控制循环变量时，列标应该小于或等于行标，所以第三空填 j<=i。

(3) 请补充完整程序实现把一个整数转换成字符串，并逆序保存在字符数组 str 中。例如：当 n＝13572468 时，str＝"86427531"。

```
#include <stdio.h>
#include <string.h>
#define N 80
int main( )
{
    long int n=13572468;
    int i=0;
    char str[N];
    printf("*** the origial data ***\n");
    printf("n=%ld",n);
    while(  n>0  )
    {
        str[i]=  n%10+'0'  ;
        n/=10;     i++;
    }
    str[i]= '\0'  ;
    printf("\n%s\n",str);
    return 0;
}
```

解析：首先应求出整数的个位数字并将其转换为相应的数字字符，作为字符串的第一个字符，继续求出商的个位数字并将其转换为相应的数字字符，作为字符串的下一个字符，依此类推，直到商为 0 结束。所以循环条件是 n!＝0 或者 n＞0；第二空是求个位数字并转换为数字字符，所以填 n％10＋'0'或 n％10＋48，循环结束后，应在字符串后加一字符串结束标志，所以第三空填 str[i]＝'\0'或者 str[i]＝0。

(4) 请补充完整程序实现把形参 a 所指数组中的偶数按原顺序依次存放到 a[0]、a[1]、a[2]…中，把奇数从数组中删除，偶数的个数通过函数值返回。

例如：若 a 所指数组中的数据最初排列为：9，1，4，2，3，6，5，8，7，删除奇数后 a 所指数组中的数据为：4，2，6，8，返回值为 4。

```
#include<stdio.h>
#define N 9
int fun(int a[], int n)
{
    int i,j;
    j = 0;
    for (i=0; i<n; i++)
        if (  a[i]%2   == 0)
        {
          a[j]   = a[i];
            j++;
        }
    return   j  ;
```

```
}
int main()
{
    int b[N]={9,1,4,2,3,6,5,8,7}, i, n;
    printf("\nThe original data  :\n");
    for (i=0; i<N; i++)
        printf("%4d ", b[i]);
    printf("\n");
    n = fun(b, N);
    printf("\nThe number of even  :%d\n", n);
    printf("\nThe even  :\n");
    for (i=0; i<n; i++)
        printf("%4d ", b[i]);
    printf("\n");
    return 0;
}
```

解析：题目要求保留偶数，所以if语句的判断条件是判断偶数，第一空填a[i]%2。对满足条件的偶数要依次存放在a[0]、a[1]、a[2]…中，下标从0开始，每次增加1，对照前后代码，程序中前有j=0，后有j++，可以把偶数存放在a[j]中，第二空填a[j]。fun函数要返回偶数的个数，在判断偶数时，每存在一个偶数，j的值就增加1，所以偶数个数就是j的值，第三空填j。

(5) 请补充完整程序实现逆置数组元素中的值。

例如：若a所指数组中的数据为：1、2、3、4、5、6、7、8、9，则逆置后依次为：9、8、7、6、5、4、3、2、1。形参n给出数组中数据的个数。

```
#include<stdio.h>
void fun(int a[], int n)
{
    int i,t;
    for (i=0; i<__n/2__; i++)
    {
        t=a[i];
        a[i] = a[__n-1-i__];
        __a[n-1-i]__ = t;
    }
}
int main()
{
    int  b[9]={1,2,3,4,5,6,7,8,9}, i;
    printf("\nThe original data  :\n");
    for (i=0; i<9; i++)
        printf("%4d ", b[i]);
    printf("\n");
    fun(__b__, 9);
```

```
    printf("\nThe data after invert  :\n");
    for (i=0; i<9; i++)
        printf("%4d ", b[i]);
    printf("\n");
    return 0;
}
```

解析：数组元素逆序，只要将前半部分元素与后半部分对称位置的元素对换位置即可，即 a[0]与 a[n−1]交换，a[1]与 a[n−2]交换……a[n/2−1]与 a[n−1−(n/2−1)]交换。所以，循环变量 i 的最大值是 n/2−1，第一空填 n/2。循环体语句是实现 a[i]与 a[n−1−i]的交换，第二空填 n−1−i，第三空填 a[n−1−i]。第四空是函数调用语句，对照 fun 函数的形式参数，此处应该填数组名，查看 main 函数的数组定义情况，知第四空填 b。

四、程序改错题

1. 计算数组元素中值为正数的平均值(不包括 0)。例如：数组中元素的值依次为 39，−47，21，2，−8，15，0，则程序的运行结果为 19.250000。下面给定的程序存在错误，请改正。

```
#include <stdio.h>
double fun(int s[])
{
    /**********FOUND1**********/
    double  sum=0.0;
    int c=0,i=0;
    /**********FOUND2**********/
    while(s[i] !=0)
    {
        if (s[i]>0)
        {
            sum+=s[i];
            c++;
        }
        i++;
    }
    /**********FOUND3**********/
    sum/=c;
    /**********FOUND4**********/
    return sum;
}
int main()
{
    int x[1000];int i=0;
    do
    {
        scanf("%d",&x[i]);
    }while(x[i++]!=0);
```

```
    printf("%f\n",fun(x));
    return 0;
}
```

2. fun 函数的功能是：计算二维数组周边元素之和，作为函数值返回。二维数组中的值在主函数中赋予。例如，若二维数组中的值为：

```
1 3 5 7 9
2 9 9 9 4
6 9 9 9 8
1 3 5 7 0
```

则函数值 1+3+5+7+9+4+8+0+7+5+3+1+6+2=61。下面给定的程序存在错误，请改正。

```
#include<stdio.h>
/***********FOUND1***********/
int fun(int a[4][5])
{
    int i,j,sum=0;
    for(i=0;i<4;i++)
        for(j=0;j<5;j++)
            /***********FOUND2***********/
            if(i==0||j==0||i==3||j==4)
                /***********FOUND3***********/
                sum+=a[i][j];
            return sum;
}
int main()
{
    int aa[4][5]={{1,3,5,7,9},{2,9,9,9,4},{6,9,9,9,8},{1,3,5,7,0}};
    int i,j,y;
    printf("The original data is:\n");
    for(i=0;i<4;i++)
    {
        for(j=0;j<5;j++)
            printf("%6d",aa[i][j]);
        printf("\n");
    }
    y=fun(aa);
    printf("The sum:%d\n",y);
    return 0;
}
```

3. main 函数调用 fun 函数，将 str 字符串中的所有与字符变量 ch 中相同的字符去掉，最后输出 str 字符串。下面给定的程序存在错误，请改正。

```
#include <stdio.h>
```

```
void fun(char [], char );
int main()
{
    char str[100], ch;
    gets(str);
    scanf("%c",&ch);
    /**********FOUND1**********/
    fun(str,ch);
    printf("%s\n",str);
    return 0;
}
void fun(char str[], char ch)
{
    int i=0, j=0;
    while (str[i]!=0)
    {
        if (str[i]!=ch)
        {
    /**********FOUND2**********/
            str[j++]=str[i];
        }
        i++;
    }
    /**********FOUND3**********/
    str[j]='\0';
}
```

五、程序设计题

(1) 输入 5 个整数存放在一维数组中,输出其中正整数的累加和与正整数的平均值(结果保留 1 位小数)。

解析:在 main 函数中输入 5 个整数,调用 fun 函数计算累加和 sum 和平均值 ave,由于需要返回两个值,可以用全局变量。

参考程序如下:

```
#include <stdio.h>
int sum;                              /*全局变量 sum 用来存放正数的累加和*/
float fun(int a[],int n)
{
    int i,num=0;
    float ave;
    for(i=0;i<n;i++)
        if(a[i]>0)
        {
            sum=sum+a[i];
```

```
            num++;
        }
    ave=(float)sum/num;                    /*被除数和除数都是整数,需要强制转换*/
    return ave;
}
int main()
{
    int i,a[5];
    float ave;
    for(i=0;i<5;i++)
        scanf("%d",&a[i]);
    ave=fun(a,5);
    printf("正数的累加和=%d\n",sum);
    printf("正数的平均值=%.1f\n",ave);
    return 0;
}
```

(2) 求出200之内的所有素数存放到一维数组a中,并按每行6个输出到屏幕。

解析:先设计一个判断素数的prime函数,素数返回1,非素数返回0。然后在main函数中用循环取2~200的值,并调用prime函数进行判断,把素数依次存入数组a中,然后输出。

参考程序如下:

```
#include <stdio.h>
#include <math.h>
int prime(int m)
{
    int i,flag=1;
    if(m<=1)
        flag=0;
    for(i=2;i<m;i++)
        if(m%i==0)
        {
            flag=0;
            break;
        }
    return flag;
}
int main( )
{
    int m,a[100],i=0,j;
    for(m=2;m<=200;m++)
        if(prime(m)==1)
            a[i++]=m;
    printf("200之内的素数有:\n");
    for(j=0;j<i;j++)
    {
```

```
            printf("%6d",a[j]);
            if((j+1)%6==0)
                printf("\n");
        }
        printf("\n");
        return 0;
    }
```

(3) 编写程序,输出 1000 以内的所有完数及其因子。所谓完数是指一个整数的值等于它的因子之和。例如,6 的因子是 1、2、3,而 6=1+2+3,故 6 是一个完数。

解析:用 fun 函数判断一个数是否为完数,并把完数的因子存放在一维数组 b 中。用数组名作参数,把这些因数传递给实参数组 a。在 main 函数中输出各个因子及其对应的完数。由于在返回真、假值的同时要返回因数的个数,可以使用全局变量。

参考程序如下:

```
#include <stdio.h>
int k;                                  /* 全局变量 k 用来存放因子的个数 */
int fun(int m,int b[])                  /* 数组 b 用来存放完数的因子 */
{
    int i,s;
    s=0 ;
    k=0;
    for(i=1;i<m;i++)
        if(m%i==0)
        {
            s=s+i ;
            b[k]=i;
            k++;
        }
    if(s!=0&&s==m)                      /* 判断是否为完数 */
        return 1;
    else
        return 0;
}
int main()
{
    int i,j,a[100];
    for(i=1 ; i<=1000 ; i++ )
    {
        if(fun(i,a)==1)
        {
            for(j=0 ;j<k; j++)
                printf("%4d",a[j]) ;
            printf(" =%4d\n",i) ;
        }
```

```
    }
    return 0;
}
```

(4) 输入一个整数 key,判断 key 是否在二维数组 a[3][4]= {2,10,9,17,23,16,18,32,19,3, 26,30}中,若 key 在数组中,则输出数组元素的行下标,否则输出"不存在"。例如输入 9,输出"9 在数组的第 0 行"。

解析:在 main 函数中给二维数组赋初值,输入 key 值。调用 fun 函数,把二维数组值和 key 值传递给 fun 函数后进行判断,若 key 值在数组中,则返回行下标;若 key 值不在数组中,则返回－1。

参考程序如下:

```
#include<stdio.h>
#define M 3
#define N 4
int fun(int a[M][N],int k)
{
    int i,j;
    for(i=0;i<M;i++)
        for(j=0;j<N;j++)
            if(a[i][j]==k)
                return i;
    return -1;
}
int main()
{
    int a[M][N]={2,10,9,17,23,16,18,32,19,3,26,30};
    int key,re;
    scanf("%d",&key);
    re=fun(a,key);
    if(re==-1)
        printf("%d不在数组中\n",key);
    else
        printf("%d在数组第%d行\n",key,re);
    return 0;
}
```

(5) 编写程序,将两个字符串 s1 和 s2 连接起来,不要用 strcat 函数。

解析:先找到字符串 s1 的结束位置,从该位置开始,逐个把字符串 s2 中的字符通过数组元素赋值连接到字符串 s1 后。

参考程序如下:

```
#include <stdio.h>
void Scat(char s1[],char s2[])
{
    int i,j;
```

```
    for(i=0;s1[i]!='\0';i++);         /* 找出字符串 s1 的结束位置 i */
    for(j=0;s2[j]!='\0';j++)
        s1[i+j]=s2[j];                /* 从 i 位置逐个存放字符串 str2 中字符 */
    s1[i+j]='\0';                     /* 在连接后的新字符串末尾加结束标志'\0' */
}
int main( )
{
    char str1[80],str2[40];
    printf("请输入第一个字符串:\n");
    gets(str1);
    printf("请输入第二个字符串:\n");
    gets(str2);
    Scat(str1,str2);
    printf("连接后的字符串为:\n");
    puts(str1);
    return 0;
}
```

(6) 输入一个字符串(少于 80 个字符),将它的内容逆序输出。如"ABCD" 的逆序为"DCBA"。

解析:fun 函数实现逆序,在 main 函数输出,需要地址传递,数组名作参数。可参考程序填空题的第 5 题。

参考程序如下:

```
#include <stdio.h>
#include<string.h>
void fun(char s[])
{
    int i, j, temp;
    j = strlen(s)-1;
    for(i = 0; i < j; i++, j--)
    {
        temp = str[i];
        str[i] = str[j];
        str[j] = temp;
    }
}
int main( )
{
    char str[80];
    gets(str);
    fun(str);
    printf("逆序后的字符串:\n");
    puts(str);
    return 0;
}
```

参考答案

7.3 练习与答案

一、单项选择题

(1) 当调用函数时,实参是一个数组名,则向函数传送的是(　　)。

A. 数组的长度　　B. 数组的首地址

C. 数组每一个元素的地址　　D. 数组第一个元素中的值

(2) 若 char a[10];已正确定义,以下语句中不能从键盘上给 a 数组的所有元素输入值的语句是(　　)。

A. gets(a);

B. scanf("%s",a);

C. for(i=0;i<10;i++)a[i]=getchar();

D. a=getchar();

(3) int a[10];给数组 a 的所有元素分别赋值为 1,2,3,…的语句是(　　)。

A. for(i=1;i<11;i++)a[i]=i;　　B. for(i=1;i<11;i++)a[i-1]=i;

C. for(i=1;i<11;i++)a[i+1]=i;　　D. for(i=1;i<11;i++)a[0]=1;

(4) 对以下说明语句 int a[10]={6,7,8,9,10};的正确理解是(　　)。

A. 将 5 个初值依次赋给 a[1]至 a[5]

B. 将 5 个初值依次赋给 a[0]至 a[4]

C. 将 5 个初值依次赋给 a[6]至 a[10]

D. 因为数组长度与初值的个数不相同,所以此语句不正确

(5) 以下不正确的定义语句是(　　)。

A. double x[5]={2.0,4.0,6.0,8.0,10.0};

B. int y[5]={0,1,3,5,7,9};

C. char c1[]={'1','2','3','4','5'};

D. char c2[]={'\x10','\xa','\x8'};

(6) 若有说明: int a[10];则对 a 数组元素的正确引用是(　　)。

A. a[10]　　B. a(3,5)　　C. a(5)　　D. a[10-10]

(7) 在 C 语言中,一维数组的定义方式为: 类型说明符 数组名(　　)。

A. [常量表达式]　　B. [整型表达式]

C. [整型常量]或[整型常量表达式]　　D. [整型常量]

(8) 以下不能对一维数组 a 进行正确初始化的语句是(　　)。

A. int a[10]=(0,0,0,0,0)　　B. int a[10]={1,2,3,4,5};

C. int a[]={0};　　D. int a[10]={10*1};

(9) 以下对一维整型数组 a 的正确说明是(　　)。

A. int a(10);　　B. int n=10,a[n];

C. int n; scanf("%d",&n); int a[n];　　D. int a[10];

(10) 以下定义语句中,错误的是(　　)。

A. int a[]={1,2}; B. char *a[3];

C. char s[10]="test"; D. int n=5,a[n];

(11) 假定 int 类型变量占用两个字节,其有定义: int x[10]={0,2,4};,则数组 x 在内存中所占字节数是( )。

A. 3 B. 6 C. 10 D. 20

(12) 以下对二维数组 a 的正确说明是( )。

A. int a[3][] B. float a(3,4)

C. double a[1][4] D. float a(3)(4)

(13) 下列定义数组的语句中不正确的是( )。

A. int a[2][3]={1,2,3,4,5,6}; B. int a[2][3]={{1},{4,5}};

C. int a[][3]={{1},{4}}; D. int a[][]={{1,2,3},{4,5,6}};

(14) 若有说明 int a[3][4];则 a 数组元素的非法引用是( )。

A. a[0][2*1] B. a[1][3] C. a[4-2][0] D. a[0][4]

(15) 若有说明: int a[3][4]={0};则下面正确的叙述是( )。

A. 数组 a 中每个元素均可得到初值 0

B. 只有元素 a[0][0]可得到初值 0

C. 数组 a 中各元素都可得到不全为 0 的初值

D. 此说明语句不正确

(16) 若输入 ab,程序运行结果为( )。

```
int main()
{   static  char  a[3];
    scanf("%s",a);
    printf("%c,%c",a[1],a[2]);
    return 0;
}
```

A. a,b B. a, C. b, D. 程序出错

(17) 以下叙述中正确的是( )。

A. 对于字符串常量"string!";系统已自动在最后加入了'\0'字符,表示串结尾

B. 对于一维字符数组,不能使用字符串常量来赋初值

C. 语句 char str[10] = "string!";和 char str[10] = {"string!"};并不等价

D. 在语句 char str[10] = "string!";中,数组 str 的的大小等于字符串的长度

(18) 设有数组定义: char array [ ]="China!"; 则数组 array 所占的空间为( )。

A. 4 个字节 B. 5 个字节 C. 6 个字节 D. 7 个字节

(19) 以下能正确定义数组并正确赋初值的语句是( )。

A. int N=5,b[N][N]; B. int a[1][2]={{1},{3}};

C. int c[2][]={{1,2},{3,4}}; D. int d[3][2]={{1,2},{34}};

(20) 若有说明: int a[][2]={1,2,3,4,5,6,7};则 a 数组第一维的大小是( )。

A. 2 B. 3 C. 4 D. 无确定值

(21) int i,j,a[2][3];按照数组 a 的元素在内存的排列次序,不能将数 1,2,3,4,5,6 存

入 a 数组的是(　　)。

A. for(i=0;i<2;i++)for(j=0;j<3;j++)a[i][j]=i*3+j+1;

B. for(i=0;i<3;i++)for(j=0;j<2;j++)a[j][i]=j*3+i+1;

C. for(i=0;i<6;i++)a[i/3][i%3]=i+1;

D. for(i=1;i<=6;i++)a[i][i]=i;

(22) 设有定义：char s[81]; int i=1; 以下不能将一行(不超过 80 个字符)带有空格的字符串正确读入的语句或语句组是(　　)。

A. for(i=0,s[i]=getchar();s[i]!='\0';)s[++i]=getchar();

B. scanf("%s",s);

C. for(i=0;(s[i]=getchar())!='\0';i++);

D. gets(s);

(23) 下列数组说明中，正确的是(　　)。

A. char str1[5],str2[]={"China"}; str1=str2;

B. char str[]="China";

C. char str1[],str2[];str2={"China"}; strcpy(str1,str2);

D. char str[]; str="China";

(24) 若有说明：int a[3][4];则数组 a 中各元素(　　)。

A. 可在程序的运行阶段得到初值 0　　B. 可在程序的编译阶段得到初值 0

C. 不能得到确定的初值　　D. 程序的编译或运行阶段得到初值 0

(25) 以下叙述中正确的是(　　)。

A. 字符串常量"str1"的类型是：字符串数据类型

B. 有定义语句：char str1[ ] = "str1";数组 str1 将包含 4 个元素

C. 字符数组的每个元素可存放一个字符，并且最后一个元素必须是'\0'字符

D. 语句 char str1[ ]={'s','t','r','1','\0'}; 用赋初值方式来定义字符串，其中'\0'是必需的

(26) int a[10];合法的数组元素的最大下标值为(　　)。

A. 10　　B. 9　　C. 1　　D. 0

(27) 有以下程序

```
int main()
{
    char s[]="\n\123\\";
    printf("%d,%d\n",,strlen(s),sizeof(s));
    return 0;
}
```

执行后输出结果是(　　)。

A. 赋初值的字符串有错　　B. 3,4

C. 4,4　　D. 4,5

(28) char a1[]="abc",a2[80]="1234";将 a1 串连接到 a2 串后面的语句是(　　)。

A. strcpy(a2,a1);　　B. strcat(a2,a1);

C. strcat(a1,a2); D. strcpy(a1,a2);

(29) 以下定义数组的语句中错误的是( )。

A. int num[]={1,2,3,4,5,6};

B. int num[][3]={{1,2},3,4,5,6};

C. int num[2][4]={{1,2},{3,4},{5,6}};

D. int num[][4]={1,2,3,4,5,6};

(30) char a[10];不能将字符串"abc"存储在数组中的是( )。

A. strcpy(a,"abc");

B. a[0]=0;strcat(a,"abc");

C. a="abc";

D. int i;for(i=0;i<3;i++)a[i]=i+97;a[i]=0;

二、阅读程序题

(1) 下面程序运行后,输出结果是________。

```
#include <stdio.h>
int main( )
{
    char s[]="after", c;
    int i, j=0;
    for (i=1; i<5; i++ )
        if (s[j]<s[i])
            j=i;
    c=s[j];s[j]=s[i]; s[i]=c;
    printf("%s\n", s);
    return 0;
}
```

(2) 下面程序运行后,输出结果是________。

```
#include <stdio.h>
int main()
{
    int i, x[3][3]={1,2,3,4,5,6,7,8,9};
    for(i=0;i<3;i++)
        printf("%d ",x[i][2-i]);
    printf("\n");
    return 0;
}
```

(3) 下面程序运行后,输出结果是________。

```
#include <stdio.h>
int main( )
{
```

```
    int m[][3]={1,4,7,2,5,8,3,6,9};
    int i,j,k=2;
    for(i=0;i<3;i++)
        printf("%d ",m[k][i]);
    return 0;
}
```

参考答案

三、程序填空题

(1) fun 函数的功能是：输出 a 所指数组中的前 n 个数据，要求每行输出 5 个数。请完成程序填空。

```
#include  <stdio.h>
#include  <stdlib.h>
void fun( int a[],  int n )
{
    int  i;
    for(i=0; i<n; i++)
    {
/***********SPACE***********/
        if(【1】==0 )
/***********SPACE***********/
            printf("【2】");
/***********SPACE***********/
        printf("%d  ",【3】);
    }
}
int main()
{
    int  a[100]={0}, i,n;
    n=22;
    for(i=0; i<n;i++)
        a[i]=rand()%21;
/***********SPACE***********/
    fun(【4】, n);
    printf("\n");
    return 0;
}
```

(2) fun 函数的功能是：统计整型变量 m 中各数字出现的次数，并存放到数组 a 中，其中：a[0]存放 0 出现的次数，a[1]存放 1 出现的次数，……，a[9]存放 9 出现的次数。请完成程序填空。

```
#include  <stdio.h>
void fun( int  m, int  a[10])
{
```

```
    int  i;
    for (i=0; i<10; i++)
/***********SPACE***********/
        【1】= 0;
    while (m > 0)
    {
/***********SPACE***********/
        i = 【2】;
        a[i]++;
/***********SPACE***********/
        m = 【3】;
    }
}
int main()
{
    int  m,  a[10],i;
    printf("请输入一个整数 :  ");
    scanf("%d", &m);
    fun(m, a);
    for (i=0; i<10; i++)
        printf("%d,",a[i]);
    printf("\n");
}
```

(3) rotate 函数的功能是：将 n 行 n 列的矩阵 A 转置为 A′。请完成程序填空。

```
#include <stdio.h>
#define  N  4
/***********SPACE***********/
void rotate(int【1】)
{
    int i,j,t;
    for(i=0;i<N;i++)
/***********SPACE***********/
        for(j=0;【2】; j++)
        {
            t=a[i][j];
/***********SPACE***********/
            【3】
            a[j][i]=t;
        }
}
int main( )
{
    int i,j;
    int a[N][N];
```

```
    for(i=0;i<N;i++)
        for(j=0; j<N  ; j++)
            scanf("%d",&a[i][j]);
    rotate(a );
     for(i=0;i<N;i++)
    {
        for(j=0; j<N  ; j++)
            printf("%d ",a[i][j]);
        printf("\n");
    }
    return 0;
}
```

(4) fun 函数的功能是：将 N×N 矩阵主对角线元素的值与反向对角线对应位置上元素的值进行交换。请完成程序填空。

例如：若 N＝3，有下列矩阵：

1	2	3
4	5	6
7	8	9

交换后为：

3	2	1
4	5	6
9	8	7

```
#include   <stdio.h>
#define   N   4
/***********SPACE***********/
void fun(int【1】, int  n)
{
    int  i,s;
/***********SPACE***********/
    for(i=0;【2】; i++)
    {
        s=t[i][i];
        t[i][i]=t[i][n-i-1];
/***********SPACE***********/
        t[i][n-1-i]=【3】;
    }
}
int main()
{
    int  t[][N]={21,12,13,24,25,16,47,38,29,11,32,54,42,21,33,10}, i, j;
    printf("\nThe original array:\n");
    for(i=0; i<N; i++)
    {
        for(j=0; j<N; j++)
            printf("%d  ",t[i][j]);
        printf("\n");
    }
    fun(t,N);
```

```
    printf("\nThe result is:\n");
    for(i=0; i<N; i++)
    {
        for(j=0; j<N; j++)
            printf("%d  ",t[i][j]);
        printf("\n");
    }
    return 0;
}
```

四、程序改错题

参考答案

(1) 有一个两位正整数,它的 3 次方和 4 次方分别是 4 位数和 6 位数,这十位数字恰好由数字 0～9 构成。求这个两位数。

例如：$18^3=5832$,$18^4=104976$,5832 和 104976 这两个数中的十个数字恰好由 0～9 构成,所以 18 是所求两位数。

请改正程序中的错误,使它能得出正确的结果。

```
#include <stdio.h>
int check(int n)
{
    long four,six;
    int i,a[10]={0};
    four=(long)n*n*n;
    /**********FOUND1**********/
    six=four*four;
    /**********FOUND2**********/
    while(four)
    {
        if(four)
        {
            a[four%10]+=1;
            four/=10;
        }
        a[six%10]+=1;
        six/=10;
    }
    for(i=0;i<10;i++)
/************FOUND3***************/
        if(a[i]!=0) return 0;
    return 1;
}
int main()
{
    int n;
```

```
    for(n=11;n<100;n++)
        if(check(n)==1)
            printf("%d\n",n);
    return 0;
}
```

(2) 将整型数组中所有小于0的元素放到所有大于0的元素的前面(要求只能扫描数组一次)。请改正程序中的错误,使它能得出正确的结果。

```
#include<stdio.h>
#define Max 100
void fun(int a[],int n)
{
    /**********FOUND1**********/
    int i=5;j=n-1,temp;
    while(i<j)
    {
        while(a[i]<0)
            i++;
        while(a[j]>=0)
    /**********FOUND2**********/
            j++;
    /**********FOUND3**********/
        if(i>j)
        {
            temp=a[i];
            a[i]=a[j];
            a[j]=temp;
        }
    }
}
int main()
{
    static int a[]={1,-3,-1,3,2,4,-4,5,-5,-2},n=10,i;
    fun(a,n);
    for(i=0;i<10;i++)
        printf("%d ",a[i]);
    return 0;
}
```

(3) fun函数的功能是:将字符串s中下标为奇数的字符或ASCII码值为偶数的字符依次放入字符串t中。例如,字符串s为“AABBCCDDEEFF”,则输出是“ABBCDDEFF”。改正程序中的错误,得出正确的结果。

```
#include<stdio.h>
#include<string.h>
#define N 80
```

```
void fun(char [],char []);
int main()
{
    char s[N],t[N];
    printf("Please input string s:");
    /***********FOUND1***********/
    scanf("%s",&s);
    fun(s,t);
    printf("The result is:%s\n",t);
    return 0;
}
void fun(char s[],char t[])
{
    unsigned i,j=0;
    for(i=0;i<strlen(s);i++)
    /***********FOUND2***********/
        if(i%2&&s[i]%2==0)
            t[j++]=s[i];
    /***********FOUND3***********/
        t[i]='\0';
}
```

(4) 重新排列一维数组元素的顺序,使得所有下标为偶数元素按由大到小的次序存放。请改正程序中的错误,使它能得出正确的结果。

```
#include <stdio.h>
void sort(int a[],int n)
{
    int i, j, temp;
    /***********FOUND1***********/
    for(i=0; i<n-2; i++)
    /***********FOUND2***********/
        for(j=0; j<n-2-i; j++)
    /***********FOUND3***********/
            if(a[j]>a[j+2])
            {
                temp=a[j];
    /***********FOUND4***********/
                a[j+2]=a[j];
                a[j+2]=temp;
            }
}
int main( )
{
    int a[10]={17, 15, 10, 14, 16, 17, 19, 18, 13, 12}, i;
    printf("\n");
```

```
    for(i=0; i<10; i++)
        printf("%5d", a[i]);
    /***********FOUND5************/
    sort();
    printf("\n");
    for(i=0; i<10; i++)
        printf("%5d", a[i]);
    return 0;
}
```

参考答案

五、程序设计题

(1) 请编写函数 fun,该函数的功能是：删除一维数组中所有相同的数,使之只剩一个。数组中的数已按由小到大的顺序排列,函数返回删除后数组中数据的个数。

例如：若一维数组中的数据是：2 2 2 3 4 4 5 6 6 6 6 7 7 8 9 9 10 10 10 10 删除后,数组中的内容应该是：2 3 4 5 6 7 8 9 10。

```
#include <stdio.h>
#define N 80
int fun(int a[], int n)
{
    /**********Program**********/


    /**********  End  **********/
}
int main()
{
    int a[N]={ 2,2,2,3,4,4,5,6,6,6,6,7,7,8,9,9,10,10,10,10}, i, n=20;
    printf("The original data :\n");
    for(i=0; i<n; i++)
        printf("%3d",a[i]);
    n=fun(a,n);
    printf("\n\nThe data after deleted :\n");
    for(i=0; i<n; i++)
        printf("%3d",a[i]);
    printf("\n\n");
    return 0;
}
```

(2) fun 函数的功能：求二维数组中主对角线及其以下元素的平均值,并将平均值返回给 main 函数。

```
#include <stdio.h>
#define M 4
double fun(int a[][M] )
```

```
{
    /**********Program**********/


    /**********  End  **********/
}
int main( )
{
    int a[M][M]= {1,14,2,4,9,3,12,5,6,7,10,16,11,15,8,13};
    double aver;
    aver=fun(a);
    printf("对角线及其以下元素的平均值是:%.2f\n",aver);
    return 0;
}
```

(3) 求字符 ch 在字符串 s 中出现的所有位置(用一个新生成的数组来表示出现的所有位置)。

```
#include "stdio.h"
int position(char s[],char ch,int a[])
{
    /**********Program**********/


    /**********  End  **********/
}
int main()
{
    char s[40],ch;
    int a[40],i,n;          /*数组 a 用于保存字符 ch 在字符串中出现的所有位置*/
    gets(s);
    ch=getchar();
    n=position(s,ch,a);     /*n 用于保存字符 ch 在字符串中出现的个数*/
    for(i=0;i<n;i++)
        printf("%5d",a[i]);
    return 0;
}
```

第8章 指 针

8.1 本章要点

指针是C语言的一个重要组成部分,C语言之所以具有高效、实用、灵活的特点,在很大程度上与指针密不可分。灵活地运用指针,可以使编写的程序更加简洁,并提高程序的运行效率。

(1) 一个变量的地址称为该变量的指针,如果用一个变量专门存储其他变量的地址,那么这个变量就称为指针变量。为了方便,在不发生混淆的情况下,经常把指针变量简称为指针。

指针变量的一般定义形式为:类型说明符 *指针变量名;

指针在使用之前必须初始化,使其有所指。

(2) 两个特殊的运算符:& 和 *。

① & 为取地址运算符,*为取内容运算符,其结合性均为自右向左。

② 运算符*和 & 为互逆运算符。

(3) 指针的运算:

① *与++、--的优先级相同,结合方向自右向左。

② 指针加上或减去一个整数n分别表示指针后移或前移n个存储单元,因此指针的算术运算的实质是指针的移动。指针移动的最小单位是一个存储单元而不是一个字节。只有当指针指向一段连续的存储单元时,指针的移动才有意义。

③ p++使指针指向下一个元素;p--使指针指向上一个元素。

④ p1-p2(指向同一数组时),表示指针间相差的元素个数。

⑤ p1+p2 无意义。

⑥ *p++等价于*(p++);表示先取p所指存储单元的值(*p),然后使p增1,指向下一个存储单元。

⑦ *++p等价于*(++p);即先使指针p增1移动到下一个存储单元,然后再取其中的值。

⑧ ++(*p)先取p所指存储单元的值,然后使其值自增1,p的指向没有变化。

⑨ 当指针p和q指向同一数组时,p<q表示p的地址值小于q的地址值,即p在前q在后。类似地,p==q表示p和q指向同一数组元素;p>q表示p在后q在前。

(4) 空指针：不指向任何数据。与指针未赋值不同，当指针未赋值时，其值是不确定的，而空指针的值是确定的数为0。p=0或p=NULL都表示p为空指针。

(5) 指针与数组：用指针表示数组十分方便，数组元素及其地址可以分别用下标法和指针法表示。

对于一维数组，如果有 int a[10]，* p=&a；则：

① 数组元素a[i]的地址的表示方法：&a[i] ⇔ a+i ⇔ p+i

② 数组元素a[i]的表示方法：a[i] ⇔ *(a+i) ⇔ *(p+i) ⇔p[i]

对于二维数组a[i][j]：

a表示二维数组的起始地址，即第0行的起始地址。

a+i表示第i行的起始地址。

*(a+i)⇔ a[i]⇔ &a[i][0]，表示第i行第0列元素的地址。

a[i]+j⇔ *(a+i)+j，表示第i行第j列元素的地址。

*(a[i]+j)⇔ *(*(a+i)+j) ⇔ a[i][j]，表示第i行第j列的元素。

(6) 指针和函数

指针和函数的关系主要有三个方面：

① 指针作为函数的参数。指针作参数属于地址传递，形参的改变可以影响实参。当指针指向数组时，形参用指针可以提高程序的执行效率。

② 函数的返回值可以是指针。指针型函数：返回指针值的函数。

指针型函数的定义格式为：

```
类型说明符 * 函数名(形参表)
{
……          /* 函数体 */
}
```

③ 指向函数的指针。指向函数的指针也称为"函数指针"。C语言中，函数名是不能作为参数在函数间进行传递的，可以用指向函数的指针作为参数，传递函数的入口地址。

指向函数的指针的定义格式为：

```
类型说明符 (* 指针变量名)(参数类型表)；
```

(7) 多级指针：指向指针的指针。

二级指针的定义形式为：

```
类型名   **指针变量名;
```

(8) 指针数组：如果一个数组的每个元素都是指针类型，这个数组就称为指针数组。

指针数组的一般定义形式为：

```
类型说明符 * 数组名[正整型常量表达式 1]……[正整型常量表达式 n];
```

指针数组常用来处理多个字符串。使用字符指针数组能很方便地对字符串进行操作。

(9) 行指针：对于二维数组还可以使用指向由n个元素组成的一维数组的指针进行处理，即用行指针来处理。其定义形式为：

```
类型说明符 (*指针变量名)[长度];
```

(10) 有关指针的数据类型小结，如表 8-1 所示。

表 8-1 指针的数据类型

定　义	含　义
int *p	p 为指向整型数据的指针
int *p[N];	指针数组 p，它由 N 个指向整型数据的指针组成
int (*p)[N];	p 为指向含 N 个元素的一维数组的指针
int *p( );	p 为返回 int 型指针的函数
int (*p)( );	p 为指向函数的指针，该函数返回一个整型值
int **p;	p 是一个二级指针

8.2 习题与解析

一、单项选择题

(1) 若已定义 x 为 int 类型变量，下列语句中说明指针变量 p 的正确语句是(C)。

A. int p=&x;　　B. int *p=x;　　C. int *p=&x;　　D. *p=*x;

解析：本题考查指针的定义和赋值方式。

选项 A 是将变量 x 的地址赋给普通的整型变量 p；

选项 B 是将 x 的值赋给指针变量 p，而指针变量中存放的应该是地址；

选项 C 是将 x 的地址赋给指针变量 p，此方式为在定义指针变量的同时给它赋值，故为正确的语句；

选项 D 是不正确的语句，因为 x 本身是变量名，取 * 无意义。

(2) 若有下列定义，则对 a 数组元素的正确引用是(C)。

```
int a[5], *p=a;
```

A. *(p+5)　　B. *p+2　　C. *(a+2)　　D. *&a[5]

解析：本题考查通过指针引用数组元素。从题目可知，数组名 a 代表数组的起始地址，指针 p 指向数组 a 的起始地址，所以 *(a+i)表示的就是数组 a 中的第 i 个元素，故选项 C 正确。选项 A、D 都代表数组元素 a[5]超出了数组 a 的范围；选项 B 表示数组元素 a[0]的数值加 2，不符合题意。

(3) 对于基本类型相同的两个指针变量之间，不能进行的运算是(C)。

A. <　　B. =　　C. +　　D. -

解析：略

(4) 若有以下程序段，则 b 中的值是 (D)。

```
int a[10]={1,2,3,4,5,6,7,8,9,10}, *p=&a[3],b;
b=p[5];
```

A. 5　　B. 6　　C. 8　　D. 9

解析：根据题意，指针 p 指向数组元素 a[3]，b 的数值为 p[5]即指针 p 往后移 5 个单元至 a[8]，其值为 9，故选项 D 正确。

(5) 以下程序的输出结果是（ A ）。

```
#include <stdio.h>
int main( )
{
    char *p[10]={"abc","aabdfg","dcdbe","abbd","cd"};
    printf("%d\n",strlen(p[4]));
    return 0;
}
```

A. 2　　B. 3　　C. 4　　D. 5

解析：本题考查指针数组的应用。根据题意 p 是一个指针数组，共有 10 个元素，每个元素都是字符型指针，它们分别指向 abc、aabdfg 等字符串的起始地址。p[4]指向字符串 cd，它的长度为 2，故选项 A 正确。

(6) 以下程序的输出结果是（ C ）。

```
#include <stdio.h>
int main( )
{
    int a[ ]={1,2,3,4,5,6,7,8,9,0}, *p;
    p=a;
    printf("%d\n", *p+9);
    return 0;
}
```

A. 0　　B. 1　　C. 10　　D. 9

解析：本题考查 * 运算符的使用。根据题意，p 指向数组 a 的起始地址，* p+9 为数组 a[0]的数值加 9，故选项 C 正确。

(7) 若有说明：int *p1, *p2,m=5,n;以下均是正确赋值语句的选项是（ C ）。

A. p1 = &m; p2 = &p1;　　B. p1 = &m; p2=&n; *p1 = *p2;

C. p1 = &m; p2 = p1;　　D. p1 = &m; *p1 = *p2;

解析：本题考查 * 和 & 运算符的使用。根据题意：p1 和 p2 是指针，如果一个指针已经有指向，可以将其赋值给另外一个同类型的指针；表达式中的运算符 * 代表指针所指的存储单元。通过上面的分析可知，选项 C 正确，p1 指向变量 m，执行 p2=p1 后，指针 p2 也指向 m。选项 A，不能将指针 p1 的地址赋给另一个同级指针 p2；选项 B，* p2(即变量 n)未被赋初值；选项 D 中指针 p2 没有指向，故都是错误的。

(8) 设 char *s="\ta\017bc";则指针变量 s 指向的字符串所占的字节数是（ C ）。

A. 9　　B. 5　　C. 6　　D. 7

解析：本题考查指针所指的字符串中转义字符的含义。'\t'代表横向跳格，'\017'三位 8 进制数代表一个 ASCII 字符，所以指针 s 所指的字符串的长度是 5，所占字节数是 6(字符串以'\0'结束)。

(9) 若有定义:int *p[3];,则以下叙述中正确的是(B)。

A. 定义了一个类型为 int 的指针变量 p,该变量具有三个指针。

B. 定义了一个指针数组 p,该数组含有三个元素,每个元素都是 int 型的指针。

C. 定义了一个名为 *p 的整型数组,该数组含有三个 int 类型元素。

D. 定义了一个指向一维数组的指针变量 p,所指一维数组应具有三个 int 类型元素。

解析:p 是指针数组,根据指针数组的定义选项 B 正确;选项 D 是行指针的定义。

(10) 以下程序的输出结果是(C)。

```
#include <stdio.h>
void fun(int * p)
{
    printf("%d\n",p[6]);
}
int main( )
{
    int a[10]={11,22,32,44,55,66,77,88,99,10};
    fun(&a[1]);
    return 0;
}
```

A. 55　　B. 66　　C. 88　　D. 99

解析:本题考查的是函数参数的地址传递。main 函数中,被调函数 fun 的实参为数组元素 a[1]的地址。当调用函数 fun 时,a[1]的地址传递给 fun 函数的形参(指针 p),使 p 指向 a[1]的起始地址,p[6]即 a[1]往后移 6 个单元为 a[7],其值为 88,故选项 C 正确。

二、阅读程序题

(1) 以下程序的输出结果是 abcDDfefDbD 。

```
#include <stdio.h>
void ss(char * s,char t)
{
    while( * s)
    {
       if( * s==t) * s=t-'a'+'A';
       s++;
    }
}
int main( )
{
    char str1[100]="abcddfefdbd",c='d';
    ss(str1,c);
    printf("%s\n",str1);
```

```
    return 0;
}
```

解析：题目中 ss 函数的功能是将指针 s 所指的字符串 str1 中指定的小写字母转换为大写字母。在 main 函数中因为 c 被赋值为字符'd'，所以 ss 函数的功能是将字符串中所有字符'd'转换为大写。

(2) 以下程序的输出结果是 <u>−5，−12， −7</u> 。

```
#include <stdio.h>
sub(int x,int y,int * z)
{
    * z=y-x;
}
int main( )
{
    int a,b,c;
    sub(10,5,&a);
    sub(7,a,&b);
    sub(a,b,&c);
    printf("%4d,%4d,%4d\n",a,b,c);
    return 0;
}
```

解析：本题考查的是指针或地址作为函数的参数。题目中 sub 函数的功能是将 y−x 的值通过指针 z 传回 main 函数。main 函数中 3 次调用 sub 函数。第 1 次调用：sub(10,5,&a)；语句表明将 10、5、a 的地址分别传给 fun 函数的形参 x、y 和指针 z，* z=a=5−10，同理 b=a−7，c=b−a。

(3) 以下程序的输出结果是 <u>1,3</u> 。

```
#include <stdio.h>
void f(int * p,int * q);
int main( )
{
    int m=1,n=2, * r=&m;
    f(r,&n);
    printf("%d,%d",m,n);
    return 0;
}
void f(int * p,int * q)
{
    p=p+1;
    * q= * q+1;
}
```

解析：在 main 函数调用 f 函数时，将指针 r 传递给指针 p；将变量 n 的地址传递给指针 q，即 p 指向 m，q 指向 n。执行 * q= * q+1 是使 q 所指的 n 的值增 1；p=p+1；是使指针 p 向后移动1个存储单元(此处无意义),而不是p所指的m增1。

(4) 以下程序的输出结果是<u> 8 </u>。

```
#include <stdio.h>
int main( )
{
    int k = 2,m = 4,n = 6;
    int * pk = &k, * pm = &m, * p;
    * (p = &n) = * pk * ( * pm);
    printf("%d\n",n);
    return 0;
}
```

解析:根据题意指针pk指向变量k,指针pm指向变量m,指针p指向变量n。*(p=&n)=*pk*(*pm);等价于n=k*m=2*4=8,因此输出结果是8。

(5) 以下程序的输出结果是<u> 100 </u>。

```
#include <stdio.h>
int main ( )
{
    int **k, * a, b=100;
    a=&b;k=&a;
    printf("%d\n",**k);
    return 0;
}
```

解析:k是二级指针,它指向指针a所占存储单元,即*k就是a;指针a存储的是变量b的地址,即*a就是b。因此**k等价于*(*k)等价于*a等价于b,即输出**k就是输出b的数值。

三、程序填空题

以下程序的功能是把字符串中所有的字母改写成该字母的下一个字母,最后一个字母z改写成字母a。大字母仍为大写字母,小写字母仍为小写字母,其他的字符不变。例如:原有的字符串为:"Mn.123xyZ",调用该函数后,字符串中的内容为:"No.123yzA",请填空。

```
#include <stdio.h>
#include <string.h>
#define N 81
int main( )
{
    char a[N], * s;
    printf ( "Enter a string : " );
    gets ( a );
/***********SPACE***********/
    s=a ;
```

```
    while( * s)
    {
        if( * s=='z')
            * s='a';
        else if( * s=='Z')
            * s='A';
        else if(isalpha( * s))
/***********SPACE***********/
              * s= * s+1   ;
/***********SPACE***********/
              s++   ;
    }
    printf ( "The string after modified : ");
    puts ( a );
    return 0;
}
```

解析：判断字符指针当前所指的字符是否为字母时，需要用到 isalpha 函数。

第 1 空使字符指针 s 指向字符串的起始地址，答案为 s=a 或 s=&a[0]。

第 2 空将字符指针当时所指的字母改写成该字母的下一个字母，答案为 * s= * s+1 或 * s+=1 或(* s)++。

第 3 空使指针 s 自增 1，以便进行下一次循环，答案为 s++或 s=s+1。

四、程序设计题

(1) 输入一个字符串，统计其中字母(不区分大小写)、数字和其他字符的个数。

分析：分别用 alpha，digit，other 表示字母、数字和其他字符的个数，用 for 循环和多分支的条件语句实现题目要求。

参考程序如下：

```
#include <stdio.h>
int main( )
{
    int alpha,digit,other;
    char * p,s[80];
    alpha=digit=other=0;
    printf("input string:\n");
    gets(s);
    for(p=s; * p!='\0';p++)
        if(( * p>='A'&& * p<='Z')||( * p>='a' && * p<='z'))
            alpha++;
        else if( * p>='0' && * p <='9')
            digit++;
        else
            other++;
```

```
    printf("alpha:%d  digit:%d  other:%d\n",alpha,digit,other);
    return 0;
}
```

(2)"回文"是顺读和反读都相同的字符串。例如"4224""abba"等。试编写程序,判断字符串是否是回文。

解析:要判断一个字符串是否为回文,只需验证字符串对称位置的两个字符是否相同。

① 定义一个字符数组 s 用于存放字符串。

② 输入要判断的字符串;

③ 在 fun 函数中,指针 p 和 q 分别指向数组的第一个字符和最后一个字符。

④ 用循环依次比较数组 s 对称的两个元素是否相等,遇到不相等的立即返回 0,说明该字符串不是回文。

⑤ 如果所有对应字符都比较完毕(p>=q)且对应字符相等,则返回 1,说明该字符串是回文。

参考程序如下:

```
#include <stdio.h>
#include <string.h>
int fun(char *p);
int main()
{
    int i=0,j,flag;              /* 设置 flag 为标志,如果 flag 为 1,表示字符串是回文 */
    char s[80];
    printf("请输入要判断的字符串:\n");
    gets(s);
    flag=fun(s);
    if(flag==1)
        printf("%s 是回文。\n",s);
    else
        printf("%s 不是回文。\n",s);
    return 0;
}
int fun(char *p)                 /* 指针 p 指向字符串的起始地址 */
{
    char *q;
    q=p+strlen(p)-1;             /* 指针 q 指向字符串的末尾 */
    while(p<q)
    {
        if(*p==*q)
        {
            p++;                 /* 指针 p 向右移动,指向下一个字符 */
            q--;                 /* 指针 q 向左移动,指向前一个字符 */
        }
        else
```

```
        return 0;
    }
    return 1;
}
```

(3) 编写一个函数 void fun(int *a,int n,int *odd,int *even),函数的功能是分别求出数组 a 中所有奇数之和和偶数之和。形参 n 给出数组中数据的个数,利用 odd 返回奇数之和,even 返回偶数之和。

解析:用 for 循环语句依次判断整型数组中的每一个数组元素是偶数还是奇数,判断偶数和奇数只需将数组元素依次与 2 取余,结果为 0 的数是偶数,为 1 的是奇数。如果是偶数,则把该数加到 *even 中;如果是奇数,则加到 *odd 中。

参考程序如下:

```
#include <stdio.h>
void fun(int *a,int n,int *odd,int *even)
{
    int i;
    *odd=0; *even=0;
    for(i=0;i<n;i++ )
        if (a[i]%2==1)          /*判断 a[i]是否为奇数*/
            *odd+=a[i];         /*对数组 a 中的所有奇数求和*/
        else
            *even+=a[i];        /*对数组 a 中的所有偶数求和*/
}
int main( )
{
    int a[7]={1,9,3,4,5,6,2},odd,even;
    fun(a,7,&odd,&even);
    printf("the sum of odd numbers:%d\n",odd);
    printf("the sum of even numbers:%d\n",even);
    return 0;
}
```

(4) 编写函数 void fun(int *p,int n),将 main 函数中输入的一组整型数据逆序存放。

解析:在 main()中定义整型数组 a 用于存放输入的元素,调用 fun 函数时,指针 p 指向数组 a 的起始地址,即指向 a[0];在 fun 函数中,定义整型指针 q 指向数组 a 的最后一个元素。将数组元素逆序存放的方法是:因为一次互换两个元素,因此用循环实现将数组的第 1 个元素与最后 1 个元素互换,第 2 个元素与倒数第 2 个互换……

参考程序如下:

```
#include<stdio.h>
#define N 5
void fun(int *p,int n)          /*指针 p 指向数组 a 的起始地址 */
{
    int *q,k;
```

```
    q = p+n-1;                          /* 使指针 q 指向数组 a 的最后一个元素 */
    while(p<q)                          /* 将数组元素逆序 */
    {
        k = *p;
        *p = *q;
        *q = k;
        p++;
        q--;
    }
}
int main()
{
    int a[N],i=0;
    for(i=0;i<N;i++)
        scanf("%d",(a+i));
    printf("数组逆序前的元素:\n");
    for(i=0;i<N;i++)                    /* 输出数组 a 逆序前存放的数组元素 */
        printf("%d  ",a[i]);
    printf("\n");
    fun(a,N);
    printf("数组逆序后的元素:\n");
    for(i=0;i<N;i++)                    /* 输出逆序存放后的数组元素 */
        printf("%d  ",a[i]);
    return 0;
}
```

参考答案

8.3 练习与答案

一、单项选择题

(1) 下面选择中正确的赋值语句是(设 char a[5], *p=a;)(　　)。

A. p="abcd";　　B. a="abcd";

C. *p="abcd";　　D. *a="abcd";

(2) 若有 int i=3, *p;p=&i;下列语句中输出结果为 3 的是(　　)。

A. printf("%d",&p);　　B. printf("%d",*i);

C. printf("%d",*p);　　D. printf("%d",p);

(3) 若有 int a[10]={0,1,2,3,4,5,6,7,8,9},*p=a;则输出结果不为 5 的语句为(　　)。

A. printf("%d",*(a+5));　　B. printf("%d",p[5]);

C. printf("%d",*(p+5));　　D. printf("%d",*p[5]);

(4) 若有 double *p,x[10];int i=5;使指针变量 p 指向元素 x[5]的语句为(　　)。

A. p=&x[i];　　B. p=x;　　C. p=x[i];　　D. p=&(x+i)

(5) 若有以下的定义：int t[3][2];能正确表示 t 数组元素地址的表达式是(　　)。

A. &t[3][2]　　B. t[3]　　C. &t[1]　　D. t[2]

(6) 若有语句 int * point,a=4;和 point=&a;下面均代表地址的一组选项是(　　)。

A. a,point, * &a　　B. & * a,&a, * point

C. * &point, * point,&a　　D. &a,& * point,point

(7) 下面判断正确的是(　　)。

A. char * a="china";等价于 char * a; * a="china";

B. char str[10]={"china"};等价于 char str[10];str[]={"china"};

C. char * s="china";等价于 char * s;s="china";

D. char c[4]="abc",d[4]="abc";等价于 char c[4]=d[4]="abc";

(8) 若定义：int a=511, * b=&a;则 printf("%d\n", * b);的输出结果为(　　)。

A. 无确定值　　B. a 的地址　　C. 512　　D. 511

(9) 若有说明：int n=2, * p=&n, * q=p;则以下非法的赋值语句是(　　)。

A. p=q;　　B. * p= * q;　　C. n= * q;　　D. p=n;

(10) 若有说明：int i, j=2, * p=&i;,则能完成 i=j 赋值功能的语句是(　　)。

A. i= * p;　　B. * p= * &j;　　C. i=&j;　　D. i=**p;

(11) 设有以下语句,其中不是对 a 数组元素的正确引用的是(　　)(其中 0≤i<10)。

```
int a[10]={0,1,2,3,4,5,6,7,8,9,}, * p=a;
```

A. a[p-a]　　B. * (&a[i])

C. p[i]　　D. * (* (a+i))

(12) 有以下定义：

```
char a[10], * b=a;
```

不能给数组 a 输入字符串的语句是 (　　)。

A. gets(a)　　B. gets(a[0])　　C. gets(&a[0])　　D. gets(b)

(13) 以下程序的输出结果是(　　)。

```
#include <stdio.h>
int main( )
{
    char str[][20]={"Hello","Beijing"}, * p=str;
    printf("%d\n",strlen(p+20));
    return 0;
}
```

A. 0　　B. 5　　C. 7　　D. 20

(14) 若有以下定义和语句,则以下选项中错误的语句是(　　)。

```
int a=4,b=3, * p, * q, * w;
p=&a; q=&b; w=q; q=NULL;
```

A. * q=0　　B. w=p　　C. * p=a　　D. * w=b

(15) 以下程序的输出结果是(　　)。

```
#include <stdio.h>
int main()
{
    int x[8]={8,7,6,5,0,0}, *s;
    s=x+3;
    printf("%d\n",s[2]);
    return 0;
}
```

A. 随机值　　B. 0　　C. 5　　D. 6

(16) 设有如下程序段:

```
char s[20]="Beijing", *p;
p=s;
```

则执行 p=s;语句后,以下叙述正确的是(　　)。

A. 可以用 *p 表示 s[0]

B. s 数组中元素的个数和 p 所指字符串长度相等

C. s 和 p 都是指针变量

D. 数组 s 中的内容和指针变量 p 中的内容相同

(17) 下面程序段的运行结果是(　　)。

```
char *s="abcde";
s+=2; printf("%d",s);
```

A. cde　　B. 字符'c'

C. 字符'c'的地址　　D. 无确定的输出结果

(18) 设 p1 和 p2 是指向同一个字符串的指针变量,c 为字符变量,则以下不能正确执行的赋值语句是(　　)。

A. c=*p1+*p2;　　B. p2=c;

C. p1=p2;　　D. c=*p1*(*p2);

(19) 下面程序段的运行结果是(　　)。

```
char str[]="ABC", *p=str;
printf("%d\n", *(p+3));
```

A. 67　　B. 0　　C. 字符'C'的地址　　D. 字符'C'

(20) 下面程序段的运行结果是(　　)。

```
char string[]="I love China!";
printf("%s\n",string+7);
```

A. I love China!　　B. I love China　　C. China!　　D. 输出错误

(21) 下面程序段的运行结果是(　　)。

```
char a[]="language", *p;
```

```
p=a;
while(*p!='u')
{
    printf("%c",*p-32);p++;
}
```

A. LANGUAGE　B. language　C. LANG　D. langUAGE

(22) 若有定义语句：double a,*p=&a;以下叙述中错误的是(　　)。

A. 定义语句中的*号是一个间址运算符

B. 定义语句中的*号只是一个说明符

C. 定义语句中的P只能存放double类型变量的地址

D. 定义语句中,*p=&a把变量a的地址作为初值赋给指针变量P

(23) 若有定义：char s[]={"12345"},*p=s;,则下面表达式中不正确的是(　　)。

A. *(p+2)　B. *(s+2)　C. p="abc"　D. s="abc"

(24) 以下程序的输出结果是(　　)。

```
#include <stdio.h>
void sub(float x,float *y,float *z)
{
    *y=*y-1.0;
    *z=*z+x;
}
int main()
{
    float a=2.5,b=9.0,*pa,*pb;
    pa=&a;  pb=&b;
    sub(b-a,pa,pa);
    printf("%f\n",a);
    return 0;
}
```

A. 9.000000　B. 1.500000　C. 8.000000　D. 10.500000

(25) 若有定义语句：char *s1="OK",*s2="ok";,以下选项中,能够输出"OK"的语句是(　　)。

A. if(strcmp(s1,s2)=0)puts(s1);　B. if(strcmp(s1,s2)!=0) puts(s2);

C. if(strcmp(s1,s2)=1)puts(s1);　D. if(strcmp(s1,s2)!=0) puts(s1);

(26) 下面程序的输出结果是(　　)

```
#include <stdio.h>
int main()
{
    int a[5]={2,4,6,8,10},*p,**q;
    p = a;
    q = &p;
    printf("%d  ",*(p++));
```

```
    printf("%d\n",**q);
    return 0;
}
```

A. 4　4　　　　B. 2　4　　　　C. 2　2　　　　D. 4　6

参考答案

二、阅读程序题

(1) 以下程序的输出结果是________。

```
#include <stdio.h>
#define  N  5
fun(char * s,char a,int n)
{
    int j;
    * s=a;
    j=n;
    while(a<s[j]) j--;
    return  j;
}
int main( )
{
    char  s[N+1];
    int  k;
    for(k=1;k<=N;k++)
        s[k]='A'+k+1;
    printf("%d\n",fun(s,'E',N));
    return 0;
}
```

(2) 以下程序的输出结果是________。

```
#include <stdio.h>
#include <string.h>
void fun ( char * w,  int  m )
{
    char s, * p1 , * p2 ;
    p1=w;
    p2=w+m-1;
    while(p1<p2)
    {
        s= * p1++;
        * p1= * p2--;
        * p2=s;
    }
}
int main( )
{
```

```
    char a[ ]="ABCDEFG";
    fun (a ,strlen(a) );
    puts(a);
    return 0;
}
```

(3) 当运行以下程序时输入 OPEN THE DOOR<CR>(此处<CR>代表 Enter 键),则输出的结果是________。

```
#include <stdio.h>
char fun ( char  * c )
{
    if ( * c<='Z'&& * c>='A')
    * c -='A'-'a';
    return * c;
}
int main( )
{
    char  s[81], * p=s;
    gets(s);
    while( * p)
    {
        * p=fun(p);
        putchar( * p);
        p++    ;
    }
    putchar ( '\n' );
    return 0;
}
```

(4) 以下程序的输出结果是________。

```
#include <stdio.h>
int main( )
{
    char * alpha[6]= {"ABCD","EFGH","IJKL","MNOP","QRST","UVWX"};
    char  **p;
    int  i;
    p=alpha;
    for( i=0; i<4; i++ )
        printf("%s",p[i]);
    printf("\n");
    return 0;
}
```

(5) 下面程序的输出结果是________

```
int main( )
```

```
{
    char a[]={2,4,6},*p=a,x=8,y,z;
    for(y=0;y<3;y++)
        z=(*(p+y)<x)?*(p+y):x;
    printf("%d\n",z);
    return 0;
}
```

参考答案

三、程序填空题

(1) 以下程序的功能是：删除一个字符串中的所有数字字符。

```
#include <stdio.h>
void delnum(char *s)
{
    int i,j;
/***********SPACE***********/
    for(i=0,j=0; 【1】 ;i++)
/***********SPACE***********/
    if(s[i]<'0' 【2】 s[i]>'9')
    {
        *(s+j)=*(s+i);
/***********SPACE***********/
        【3】 ;
    }
    s[j]='\0';
}
int main ()
{
    char st[100];
    char *p=st;
    printf("input a string st:\n");
    gets(p);
/***********SPACE***********/
    【4】 ;
    printf("%s\n",p);
    return 0;
}
```

(2) 从键盘为数组输入数值，然后找出数组中大于 10 且个位数是 5 的数组元素，将这些数保存到另一个数组中。要求：必须使用指针实现。

```
#include<stdio.h>
int main()
{
    int a[10]={0},b[10]={0},*p=NULL,i,j=0;
/***********SPACE***********/
```

```
        【1】;                              /* 使指针 p 指向数组 a */
    for(i=0;i<10;i++)
/***********SPACE***********/
        scanf("%d", 【2】);                /* 为数组输入值 */
    for(i=0;i<10;i++)
        printf("%4d ",p[i]);               /* 输出数组元素 */
    printf("\n");
    for(i=0;i<10;i++)
/***********SPACE***********/
        if( 【3】 )                        /* 查找数组中大于 10 且个位数是 5 的元素 */
        {
/***********SPACE***********/
            【4】;                         /* 将满足条件的数存放到数组 b 中 */
            j++;
        }
/***********SPACE***********/
    for(i=0; 【5】 ;i++)                   /* 输出数组 b 中的元素 */
        printf("%d ",b[i]);
}
```

四、程序改错题

参考答案

(1) 函数 fun 的功能是：计算 n 的 5 次方的值(规定 n 的值大于 2 且小于 8)，通过形参指针传回主函数，并计算该值的个位、十位、百位上数字之和作为函数值返回。

例如：7 的 5 次方是 16807，其后 3 位数的和值是 15。

```
#include  <stdio.h>
int fun(int n,int *value)
{
    int d,s,i;
/***********FOUND1***********/
    d=0;
/***********FOUND2***********/
    s=1;
    for(i=1;i<=5;i++)
        d=d*n;
        *value=d;
    for(i=1;i<=3;i++)
    {
        s=s+d%10;
/***********FOUND3***********/
        s=s/10;
    }
    return s;
}
```

```
int main()
{
    int  n,sum,v;
    do
    {
        printf("\n Enter n(2<n<8):");
        scanf("%d",&n);
    }while(n<=2||n>=8);
    sum=fun(n,&v);
    printf("\n\nThe result: \n value=%d sum=%d\n\n" ,v,sum);
}
```

第9章 结构体和共用体

9.1 本章要点

为了解决实际问题，C 语言提供了三种数据类型，即基本类型、指针类型和构造类型。本章主要介绍了结构体、共用体和 typedef 语句。

(1) 结构体是由若干个数据成员组成的构造数据类型，可以用来描述记录型的数据，也可以处理链表等复杂的数据结构。其组成方式由用户自己定义，数据成员的类型既可以是基本数据类型(如 int、long、float 等)，也可以是构造数据类型(如数组、struct、union 等)。其一般形式为：

```
struct 结构体名
{
    数据类型 成员名;
    数据类型 成员名;
    ...
}结构体变量名;
```

结构体成员的访问有两种方式：

① 直接访问：结构体变量名.成员。如：stu1.age

② 用指针访问：先定义指向结构体的指针：struct student ＊p;，然后通过(＊p).成员或 p->成员来访问。

如果有一组相同结构体类型的数据要进行处理，可以定义结构体数组来描述数据。对结构体数组的操作需转化成对数组元素进行。

使用形式为：结构体数组名[下标变量].成员。如：stu1[1]. age

(2) 共用体是由不同数据类型但共享内存的数据成员组成的构造数据类型，可以节省存储空间，也可以在不同类型的变量之间传递数据。共用体定义和结构体定义十分相似。其一般形式为：

```
union 共用体名
{
    数据类型 成员名;
    数据类型 成员名;
```

```
    ...
} 共用体变量名;
```

共用体表示几个变量共用一个存储空间，一个共用体变量的值就是共用体成员的某一个成员值。

(3) 结构体和共用体的区别：

① 结构体和共用体都是由多个不同的数据成员组成，但在任何时刻，共用体只存放一个成员的值，而结构体的所有成员都存在。

② 对于共用体的不同成员赋值，将会对其他成员重写，原来成员的值就不存在了，而对于结构体的不同成员赋值是互不影响的。

(4) 结构体和共用体成员名可以同程序中的其他变量同名，系统会自动识别，不会混淆。

(5) 使用 typedef 可以将已有类型定义成新类型，使用 typedef 有利于程序的移植。

9.2 习题与解析

一、单项选择题

(1) 设有以下说明语句：

```
struct ex
{  int x; float y;char  z; } example;
```

则下面的叙述中不正确的是（ B ）。

A. struct 是结构体类型的关键字　　B. example 是结构体名
C. x,y,z 都是结构体成员名　　D. struct ex 是结构体类型

解析：example 是结构体变量名，结构体名为 ex。

(2) 下面结构体的定义语句中，错误的是（ B ）。

A. struct ord {int x; int y; int z;}; struct ord a;

B. struct ord {int x; int y; int z;} struct ord a;

C. struct ord {int x; int y; int z;}a;

D. struct {int x; int y; int z;} a;

解析：本题的考查点是结构体变量的定义。定义结构体变量，可采用三种方法：

① 先定义结构体类型再定义变量名；选项 A 符合这一定义方法。

② 在定义结构体类型的同时定义变量；选项 C 符合这一定义方法。

③ 直接定义结构类型变量，即不出现结构体名；选项 D 符合这一定义方法。

只有选项 B 不符合上述三种定义方法的任意一种，故答案为 B。

(3) 有以下程序

```
int main( )
{
    struct STU { char name[9]; char sex; double score[2]; };
```

```
    struct STU a={"Zhao",'m',85.0,90.0}, b={"Qian",'f',95.0,92.0};
    b=a;
    printf("%s,%c,%2.0f,%2.0f\n",b.name,b.sex,b.score[0],b.score[1]);
    return 0;
}
```

程序的运行结果是（ D ）。

A. Qian,f,95,92　　B. Qian,m,85,90　　C. Zhao,f,95,92　　D. Zhao,m,85,90

解析：本题的考查点是结构体变量的赋值，相同结构体类型的变量之间整体赋值。在本题中，结构体变量 a 整体赋值给 b，b 的内容为{"Zhao",'m',85.0,90.0}，故答案为 D。

(4) 若有如下定义：

```
struct data
{
    char ch;
    double f;
}b;
```

则结构体变量 b 占用内存的字节数是（ D ）。

A. 1　　B. 4　　C. 8　　D. 9

解析：一个结构体变量所占的存储空间大小是该结构体各成员所占的存储空间之和，可以用 sizeof 计算其所需存储空间，如 sizeof(struct data)或 sizeof(b)＝1＋8＝9。

(5) 根据下面的定义，能打印出字母 M 的语句是（ D ）。

```
struct person
{
    char name[9];
    int age;
};
struct person chass[10]={"John",17,"Paul",19,"Mary",18,"adam",16};
```

A. printf("%c\n",class[3].name)；

B. printf("%c\n",class[3].name[1])；

C. printf("%c\n",class[2].name[1])；

D. printf("%c\n",class[2].name[0])；

解析：结构体数组的初始化列表中数据与数组元素的各成员一一对应，上述初始化仅对数组的前 4 个元素赋值，选项 A 中 class[2].name 的值为字符串 adam，选项 B 中 class[3].name[1]的值为字符 d，选项 C 中 class[2].name[1]的值为字符 a，只有选项 D 中 class[2].name[0]为 M。

(6) 有以下程序

```
int main( )
{
    struct complex
    {
```

```
        int x;
        int y;
    }cnum[2]={1,3,2,7};
    printf("%d\n",cnum[0].y/cnum[0].x*cnum[1].x);
    return 0;
}
```

程序的运行结果是(D)。

A. 0　　B. 1　　C. 3　　D. 6

解析：本题中 cnum 是一个结构体数组，初始化列表中的数据与数组元素的各成员一一对应，cnum[0].x 的值为 1，cnum[0].y 的值为 3，cnum[1].x 的值为 2，cnum[1].y 的值为 7。

(7) 若有如下结构体说明：

```
struct STRU
{
    int a,b;char c; double d;
    struct STRU *p1,*p2;
};
```

以下选项中，能定义结构体数组是(A)。

A. struct STRU t[20];　　B. STRU t[20];

C. struct STRU[20];　　D. struct STRU t;

解析：结构体数组定义的一般格式为：struct　结构体名　数组名[整型常量表达式]；

(8) 变量 a 所占的字节数是(D)。

```
union U
{   char st[4];
    double d;
    long x;
}a;
```

A. 4　　B. 10　　C. 6　　D. 8

解析：共用体变量所占的字节数等于最长成员的长度，成员 st 和 x 都占 4 个字节，成员 d 占 8 个字节，所以共用体变量 a 所占的字节数是 8。

(9) 设有以下语句

```
typedef struct  S
{
    int g;  char  h;
} T;
```

则下面叙述中正确的是(B)。

A. 可用 S 定义结构体变量　　B. 可用 T 定义结构体变量

C. S 是结构体类型的变量　　D. T 是 struct S 类型的变量

解析：typedef 语句的功能是为已有数据类型另起一个名字，本题中的声明语句是为结构体另起一个名字 T,可以用 T 或 struct S 定义结构体变量。

二、阅读程序题

(1) 以下程序运行后的输出结果是 1001,ZhangDa,1098.0 。

```
#include <stdio.h>
#include <string.h>
struct A
{
    int a;
    char b[10];
    double c;
};
void f(struct A t);
int main( )
{
    struct A a={1001,"ZhangDa",1098.0};
    f(a);
    printf("%d,%s,%6.1f\n",a.a,a.b,a.c);
    return 0;
}
void f(struct A t)
{
    t.a=1002;
    strcpy(t.b,"ChangRong");
    t.c=1202.0;
}
```

解析:函数 f 的形参 t 是一个结构体变量,在主调函数中由 f(a)调用是单向传递;故结构体变量 a 的值没有改变。

(2) 以下程序运行后的输出结果是 270.00 。

```
#include <stdio.h>
struct STU
{
    char num[10];
    float score[3];
};
int main( )
{
    struct STU s[3]={{"20021",90,95,85},{"20022",95,80,75},{"20023",100,95,90}},
    *p=s;
    int i; float sum=0;
    for(i=0;i<3;i++)
        sum=sum+p->score[i];
    printf("%6.2f\n",sum);
```

```
    return 0;
}
```

解析：程序定义了结构体数组 s 并初始化，同时将数组起始地址赋给结构体指针 p，使它指向数组的第 0 个元素 s[0]，使用 sum 保存第 1 个学生的 3 门成绩总和并输出。

三、程序设计题

(1) 输入一个正整数 repeat，做 repeat 次下列运算：

输入一个日期(年、月、日)，计算并输出这一天是该年中的第几天。

要求定义并调用函数 day_of_year(p)计算某日是该年的第几天，函数形参 p 的类型是结构体指针，指向一个日期的结构体变量，注意区分闰年。

参考程序如下：

```
#include <stdio.h>
struct date
{
    int year;
    int month;
    int day;
};
int day_of_year(struct date * p);                        /* 函数声明 */
int main( )
{
    int yearday;
    int repeat, i;
    struct date d;
    scanf("%d", &repeat);
    for(i = 1; i <= repeat; i++)
    {
        scanf("%d%d%d", &d.year, &d.month, &d.day);
        yearday = day_of_year(&d);
        printf("%d\n", yearday);
    }
}
int day_of_year(struct date * p)
{
    /**********Program**********/
    int day, k, leap;                                    /* leap 用于判断是否闰年 */
    int tab[2][13] = {
    {0, 31, 28, 31, 30, 31, 30, 31, 31, 30, 31, 30, 31},
    {0, 31, 29, 31, 30, 31, 30, 31, 31, 30, 31, 30, 31}};
    leap = (p->year % 4 == 0 && p->year % 100 != 0 || p->year % 400 == 0);
    day = p->day;
    for(k = 1; k < p->month; k++)
        day += tab[leap][k];
```

```
    return day;
    /**********  End  **********/
}
```

(2) 写一个函数,找出一批工人中年龄最大的工人姓名。

参考程序如下:

```
int searchworker(worker * w, int n ,char * name);
#include <stdio.h>
#include <string.h>
typedef struct worker
{
    int id;
    char name[20];
    int age;
}worker;
int searchworker(worker * w, int n, char * name)
{
/**********Program**********/
    worker  * pw, * pmax;
    if (n<=0) return 0;
    pmax=w;
    for (pw=w;pw<w+n;pw++)
        if (pw->age > pmax->age) pmax=pw;
    strcpy(name, pmax->name);
    return 1;
    /**********  End  **********/
}
int main()
{
    int i,n;
    char pname[20];
    worker p[100];
    scanf("%d",&n);
    for (i=0;i<n;i++)
        scanf("%d %s %d",&(p[i].id), p[i].name, &(p[i].age));
    if (searchworker(p,n,pname)== 0)
        printf("error!");
    else
        printf("name=%s\n",pname);
    return 0;
}
```

参考答案

9.3 练习与答案

一、单项选择题

(1) 相同结构体类型的变量之间可以(　　)。

A. 相加　　B. 赋值　　C. 比较大小　　D. 地址相同

(2) static struct {int a1;float a2;char a3;}a[10]={1,3.5,'A'};说明数组 a 采用静态存储方式,其中被初始化的数组元素是(　　)。

A. a[1]　　B. a[-1]　　C. a[0]　　D. a[10]

(3) 当定义一个结构体变量时,系统分配给它的内存是(　　)。

A. 各成员所需内存量的总和　　B. 结构中第一个成员所需内存量

C. 结构中最后一个成员所需内存量　　D. 成员中占内存最大者所需内存量

(4) C 语言中定义结构体的保留字是(　　)。

A. union　　B. struct　　C. enum　　D. typedef

(5) 已知学生记录描述为:

```
struct student
{
    int no;
    char name[20];
    char sex;
    struct
    {
        int year;
        int month;
        int day;
    }birth;
};
struct student s;
```

设变量 s 中的"生日"应是"1984 年 11 月 11 日",下列对"生日"的正确赋值方式是(　　)。

A. s.birth.year=1984;s.birth.month=11;s.birth.day=11;

B. birth.year=1984;birth.month=11;birth.day=11;

C. s.year=1984;s.month=11;s.day=11;

D. year=1984;month=11;day=11;

(6) 若有以下说明和语句:

```
struct student
{
    int age;
    int num;
```

```
}std, * p;
p=&std;
```

则以下对结构体变量 std 中的成员 age 的引用方式不正确的是(　　)。

A. std.age　　B. p->age　　C. (* p).age　　D. * p.age

(7) 设有定义

```
struct complex
{ int real, unreal ;} datal={1,8},data2;
```

则以下赋值语句中的错误的是(　　)。

A. data2＝datal;　　B. data2＝(2,6);

C. data2.reall＝datal.real;　　D. data2.real＝data1.unreal;

(8) 有以下定义和语句

```
struct workers
{
    int num;
    char name[20];
    char c;
    struct
    {
        int day;
        int month;
        int year;} s;
};
struct workers w, * pw;
pw= &w;
```

能给 w 中 year 成员赋 1980 的语句是(　　)。

A. * pw.year＝1980;　　B. w.year＝1980;

C. w.s.year＝1980;　　D. pw->year＝1980;

(9) 运行下列程序段,输出结果是(　　)。

```
struct country
{
    int num;
    char name[20];
}x[5]={1,"China",2,"USA",3,"France",4,"England",5,"Spanish"};
struct country * p;
p=x+2;
printf("%d,%s",p->num,x[0].name);
```

A. 2,France　　B. 2,France　　C. 2,France　　D. 3,China

二、程序改错题

参考答案

(1) 以下程序的功能是结构体变量参数传递,请修改使之能完成相应的功能。

```
#include <stdio.h>
struct student
{
    int x;
    char c;
} a;
void f(struct student b)
{
    b.x=20;
/**********FOUND1**********/
    b.c=y;
}
int main()
{
    a.x=3;
/**********FOUND2**********/
    a.c='a'
    f(a);
/**********FOUND3**********/
    printf("%d,%c\n",a.x,b.c);
    return 0;
}
```

(2) 以下程序的功能是输入5个学生的信息并输出,请修改使之能完成相应的功能。

```
#include <stdio.h>
#define N 5
struct student
{
    char num[6];
    char name[8];
    int score[4];
} stu[N];
void input()
{
/**********FOUND1**********/
    int i;j;
    for(i=0;i<N;i++)
    {
        printf("\n please input %d of %d\n",i+1,N);
        printf("num: ");
        scanf("%s",&stu[i].num);
        printf("name: ");
        scanf("%s",stu[i].name);
        for(j=0;j<3;j++)
        {
```

```
/**********FOUND2**********/
            printf("score %d.",j);
            scanf("%d",&stu[i].score[j]);
        }
        printf("\n");
    }
}
void print( )
{
    int i,j;
    printf("\nNo. Name Sco1 Sco2 Sco3\n");
/**********FOUND3**********/
    for(i=0;i<=N;i++)
    {
        printf("%-6s%-10s",stu[i].num,stu[i].name);
        for(j=0;j<3;j++)
            printf("%-8d",stu[i].score[j]);
        printf("\n");
    }
}
int main( )
{
    input( );
    print( );
    return 0;
}
```

第10章 文件

10.1 本章要点

文件是存储在外部介质上的数据集合，所以数据写入文件后可以长期保存、反复使用，不会因为程序运行结束或系统断电而消失。同时，程序还可以随时读取文件中的全部或部分数据，轻松实现批量导入外部数据的功能。C语言对文件的操作主要通过调用标准库函数实现。在C语言中文件的含义比较广泛，不仅包含传统意义上的文件，还包括设备文件。设备文件是指与主机相连的各种外部设备，如显示器、打印机、键盘等，键盘常称为标准输入文件，显示器称为标准输出文件及标准错误输出文件，从而把实际的物理设备抽象化为逻辑文件。本章要点如下：

(1) 文件一般是指存储在外部介质(如磁盘等)上的有序数据集合。

(2) 从数据组织形式的角度来看，文件可分为文本文件(又称为ASCII码文件)和二进制文件。

(3) 为了提高文件存取效率，C语言采用缓冲文件系统方式处理文件。缓冲文件系统规定，在操作文件时，操作系统自动为每一个文件分配一个内存缓冲区，作为程序与文件间交换数据的中间媒介。

(4) 对文件的操作是通过指向该文件的指针变量(简称为文件指针)进行的。因此对文件进行处理时，需首先定义文件指针。定义文件指针的一般形式如下：

```
FILE *指针变量名
```

例如：FILE *fp;　/*定义一个名为fp的文件指针，FILE是文件类型*/

(5) 文件的正确操作顺序是：

① 定义文件指针。

② 打开文件。

③ 读写文件。

④ 关闭文件。

所有这些操作都是通过调用标准库函数实现的，这些函数原型已在头文件stdio.h中定义。

(6) 文件的打开通过 fopen 函数实现，其一般调用形式为：

```
文件指针名=fopen(文件名,文件使用方式);
```

其中，文件名是包含文件完整路径的字符串，文件使用方式也是一个字符串常量，表明打开文件的目的，也就是对文件将要进行什么操作。例如：

```
FILE * fp;
fp=fopen("c:\\a.txt", "r");             /* 以只读方式打开 C 盘根目录下的文件 a.txt */
```

(7) C 语言提供了四种文件读写函数：

① 字符读写函数：fgetc()和 fputc()。

② 字符串读写函数：fgets()和 fputs()。

③ 格式化读写函数：fscanf()和 fprintf()。

④ 数据块读写函数：fread()和 fwrite()。

其中字符读写函数、字符串读写函数和格式化读写函数主要适用于处理文本文件(ASCII 码文件)，数据块读写函数多用于处理二进制文件。

(8) C 语言标准库中提供了 3 个与文件定位有关的函数：指针移动控制函数 fseek、重定位函数 rewind 和获取当前位置函数 ftell。

10.2 习题与解析

一、单项选择题

(1) C 语言中的文件类型只有(D)。

A. 索引文件和文本文件两种　　B. 二进制文件一种

C. 文本文件一种　　D. ASCII 文件和二进制文件两种

解析：略

(2) 应用缓冲文件系统对文件进行读写操作，打开文件的函数名为(B)。

A. open　　B. fopen　　C. close　　D. fclose

解析：略

(3) 应用缓冲文件系统对文件进行读写操作，关闭文件的函数名为(A)。

A. fclose　　B. close　　C. fread　　D. fwrite

解析：略

(4) 打开文件时，方式"w"决定了对文件进行的操作是(A)。

A. 只写盘　　B. 只读盘　　C. 可读可写盘　　D. 追加写盘

解析：略

(5) 若以"a"方式打开一个已存在的文件，则以下叙述正确的是(A)。

A. 文件打开时，原有文件内容不被删除，位置指针移到文件末尾，可作添加和读操作

B. 文件打开时，原有文件内容不被删除，位置指针移到文件开头，可作重写和读操作

C. 文件打开时，原有文件内容被删除，只可作写操作

D. 以上各种说法皆不正确

解析：略

(6) 若 fp 已正确定义并指向某个文件，当未遇到该文件结束时函数 feof(fp)的值为(A)。

A. 0　　B. 1　　C. −1　　D. 一个非 0 值

解析：略

二、程序设计题

(1) 在 D 盘根目录下创建一个名为 abc.txt 的数据文件，要求在该文件中写入 26 个英文小写字母。

参考程序如下：

```
#include <stdio.h>
#include<stdlib.h>
int main()
{
    FILE * fp;
    char ch;
    fp=fopen("d:\\abc.txt","w");
    if(fp==NULL)
    {
        printf("Failed to open abc.txt!\n");
        exit(0);
    }
    for(ch='a';ch<='z';ch++)
        fputc(ch,fp);
    fclose(fp);
    return 0;
}
```

(2) 打开由上题所创建的数据文件 abc.txt，将文件中的内容按照每行 5 个字母的格式显示到屏幕上。

参考程序如下：

```
#include <stdio.h>
#include<stdlib.h>
int main()
{
    FILE * fp;
    char ch;
    int i=1;
    fp=fopen("d:\\abc.txt","r");
    if(fp==NULL)
```

```
    {
        printf("Failed to open abc.txt!\n");
        exit(0);
    }
    while(!feof(fp))
    {
        ch=fgetc(fp);
        if(i%5==0)
            printf("%c\n ",ch);
        else
            printf("%c",ch);
        i++;
    }
    fclose(fp);
    return 0;
}
```

(3) 在D盘根目录下建立一个文本文件poem.txt,从键盘输入任意一首古诗,每输入一句必须回车换行,最后以"@"作为结束输入标记。将古诗写入到poem.txt中去。

参考程序如下:

```
#include <stdio.h>
#include<stdlib.h>
#include<string.h>
int main( )
{
    FILE * fp;
    char s[80];
    fp=fopen("d:\\ poem.txt","w");
    if(fp==NULL)
    {
        printf("Failed to open poem.txt!\n");
        exit(0);
    }
    while(1)
    {
        gets(s);
        if(strcmp(s, "@")!=0)
            fputs(s,fp);
        else
            break;
    }
    fclose(fp);
    return 0;
}
```

(4) 从键盘分别输入每个学生的原始记录(包括学号、数学成绩、物理成绩和语文成绩,见表10-1),计算出每个学生的总成绩,然后按照格式化写文件的要求,把完整的信息保存到一个名为 score.txt 的文本文件中去。

表 10-1　学生成绩信息表

学　号	数　学	物　理	语　文	总 成 绩
08220101	70	85	60	
08220102	91	65	78	
08220103	100	95	55	
08220104	83	88	96	

参考程序如下：

```
#include <stdio.h>
#include<stdlib.h>
struct student
{
    char no[9];
    float shuxue;
    float yuwen;
    float wuli;
    float zongfen;
};
int main( )
{
    FILE * fp;
    struct student stu[4];
    int i;
    fp=fopen("d:\\score.txt","w");
    if(fp==NULL)
    {
        printf("Failed to open score.txt!\n");
        exit(0);
    }
    for(i=0;i<=3;i++)
    {
        scanf ("%s%f%f%f", stu[i].no, &stu[i].shuxue, &stu[i].yuwen, &stu[i].
        wuli);
        stu[i].zongfen= stu[i].shuxue+ stu[i].yuwen+ stu[i].wuli;
        fprintf(fp,"%s%f%f%f%f",stu[i].no,stu[i].shuxue,stu[i].yuwen,stu[i].
        wuli, stu[i].zongfen);
    }
    fclose(fp);
    return 0;
}
```

10.3 练习与答案

一、单项选择题

(1) 下列关于C语言数据文件的叙述中正确的是(　　)。

A. 文件由ASCII码字符序列组成,C语言只能读写文本文件。

B. 文件由二进制数据序列组成,C语言只能读写二进制文件。

C. 文件由记录序列组成,可按数据的存放形式分为二进制文件和文本文件。

D. 文件由数据流形式组成,可按数据的存放形式分为二进制文件和文本文件。

(2) 标准库函数fgets(s,n,f)的功能是(　　)。

A. 从文件f中读取长度为n的字符串存入指针s所指的内存

B. 从文件f中读取长度不超过n-1的字符串存入指针s所指的内存

C. 从文件f中读取n个字符串存入指针s所指的内存

D. 从文件f中读取长度为n-1的字符串存入指针s所指的内存

(3) 若fp是指向某文件的指针,且已读到文件末尾,则库函数feof(fp)的返回值是(　　)。

A. EOF　　B. 0　　C. 1　　D. NULL

(4) 有以下程序

```
#include <stdio.h>
int main()
{
    FILE * fp;int a[10]={1,2,3,0,0},i;
    fp=fopen("d2.dat","wb");
    fwrite(a,sizeof(int),5,fp);
    fwrite(a,sizeof(int),5,fp);
    fclose(fp);
    fp=fopen("d2.dat","rb");
    fread(a,sizeof(int),10,fp);
    fclose(fp);
    for(i=0;i<10;i++)printf("%d,",a[i]);
    return 0;
}
```

程序的运行结果是(　　)。

A. 1,2,3,0,0,0.0,0,0,0,　　B. 1,2,3,1,2,3,0,0,0,0,

C. 123,0,0,0,0,123,0,0,0,0,　　D. 1,2,3,0,0,1,2,3,0,0,

(5) 已有文本文件test.txt,其中的内容为:Hello,everyone!。以下程序的输出结果是(　　)。

```
#include <stdio.h>
int main()
{
```

```
    FILE * fr;
    char str[40];
    fr=fopen("test.txt","r");
    fgets(str,5,fr);
    printf("%s\n",str);
    fclose(fr);
    return 0;
}
```

A. Hello　　　　B. Hell

C. Hel　　　　D. Hello,everyone!

(6) 若要用 fopen 函数打开一个新的二进制文件,该文件要既能读也能写,则文件方式字符串应是(　　)。

A. "ab++"　　B. "wb+"　　C. "rb+"　　D. "ab"

参考答案

二、程序改错题

以下 C 程序的功能是,将若干学生的档案存放在一个文件中,并显示其内容。改正程序中的错误。

```
#include <stdio.h>
#include <stdlib.h>
struct student
{
    int num;
    char name[10];
    int age;
};
struct student stu[3]={{001,"Li Mei",18}, {002,"Ji Hua",19}, {003,"Sun Hao",18}};
int main()
{
/**********FOUND1**********/
    struct student p;
/**********FOUND2**********/
    cfile fp;
    int i;
    if((fp=fopen("stu_list","wb"))==NULL)
    {
        printf("cannot open file\n");
        exit(0);
    }
    for(p=stu;p<stu+3;p++)
/**********FOUND3**********/
        fwrite(p,sizeof(student),1,fp);
    fclose(fp);
    fp=fopen("stu_list","rb");
```

```
    printf(" No.    Name   age\n");
    for(i=1;i<=3;i++)
    {
        fread(p,sizeof(struct student),1,fp);
/**********FOUND4**********/
        scanf("%4d %-10s %4d\n", * p.num,p->name,( * p).age);
    }
    fclose(fp);
    return 0;
}
```

第二部分 实验指导

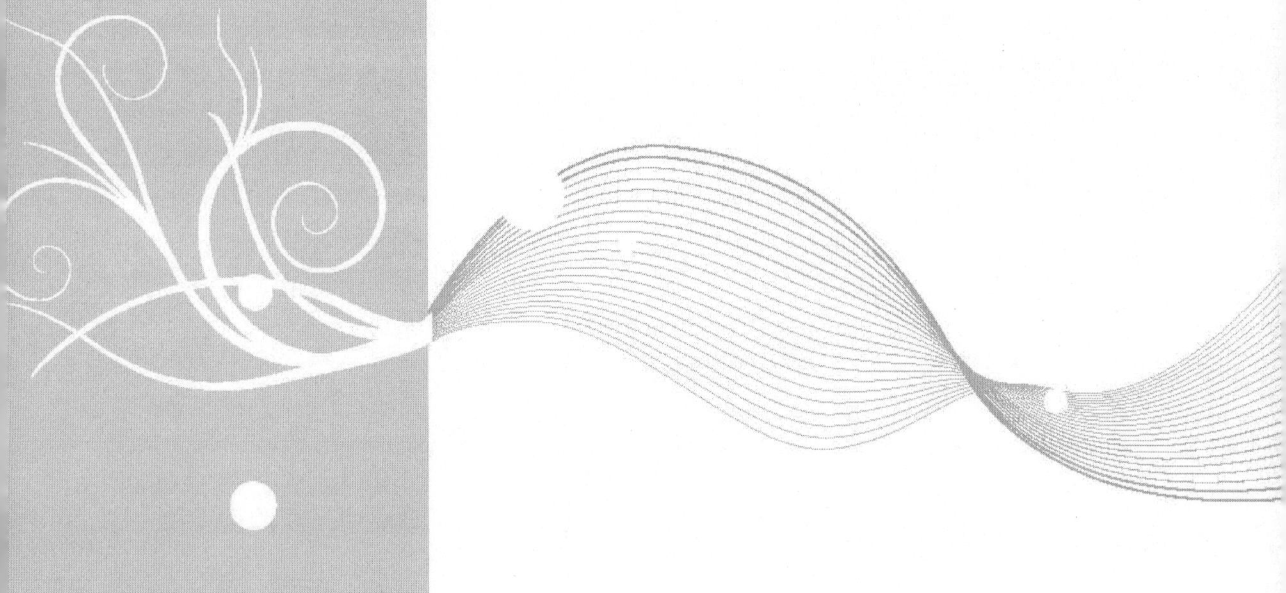

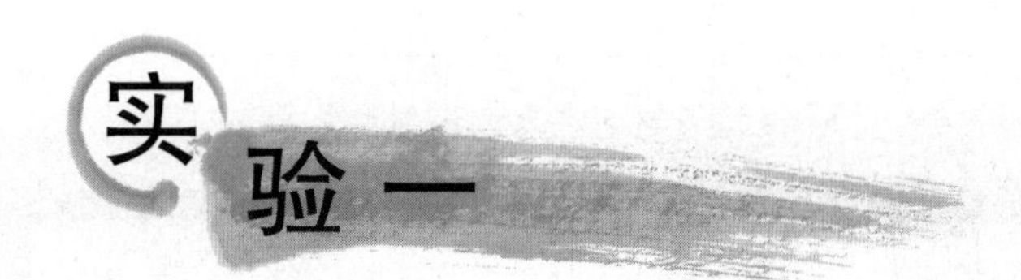

熟悉C语言开发环境

一、实验目的

(1) 熟悉C语言编程环境中文版VC++ 2010,熟练掌握运行一个C程序的基本步骤。

(2) 了解C程序的基本构成,能够编写简单的C程序。

二、实验内容

(1) 编写程序实现在屏幕上显示一个句子“Hello World!”。

(2) 编程实现:在屏幕上显示一个短句“开始学习C语言了!”。

(3) 编程实现:在屏幕上显示下列图形。

```
****
***
**
*
```

三、实验指导

1. 启动Microsoft Visual C++ 2010 Express

执行“开始”→“所有程序”→“Microsoft Visual Studio 2010 Express”文件夹→“Microsoft Visual C++ 2010 Express”命令,进入VC++ 2010编程环境(图1-1)。

用VC++ 2010编写和运行一个C程序要比VC++ 6.0复杂。在VC++ 6.0中可以直接打开或建立一个C程序文件并运行得到结果。而在VC++ 2010中必须先建立一个项目,在项目中打开或者建立C程序文件,然后才能建立并运行这个程序,即使这个C程序只有一个源文件也必须如此。

2. 新建项目

(1) 执行“文件”→“新建”→“项目”命令,打开“新建项目”对话框(图1-2)。

(2) 在打开的“新建项目”对话框中(图1-3),选择“Win32控制台应用程序”,在“名称”栏中输入项目名称,项目名称一般为英文,如test,在“位置”栏通过“浏览”按钮选择或者直接输入一个路径,如D:\ctest。选中右下角的“为解决方案建立目录”复选框,单击“确定”

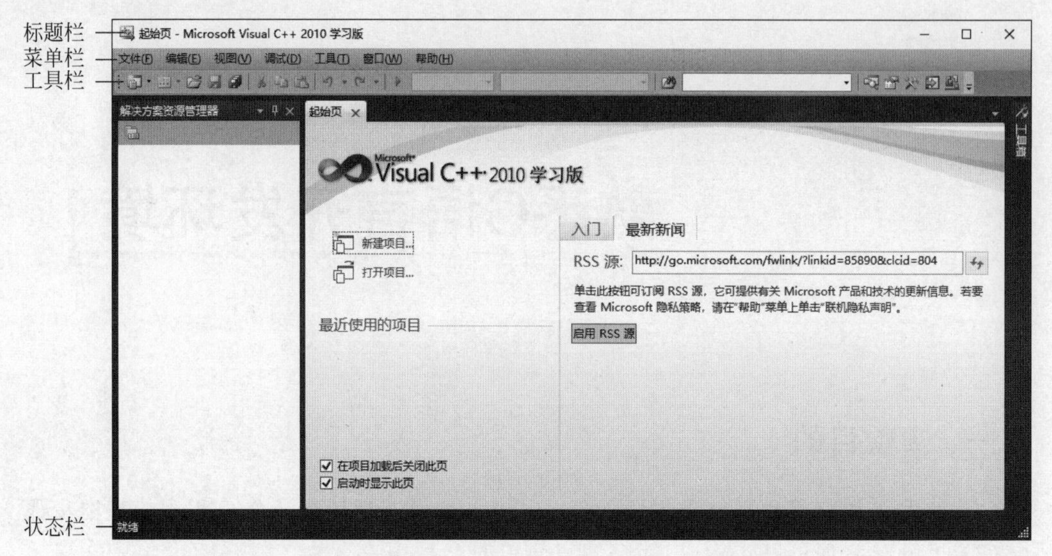

图 1-1 Microsoft Visual C++ 2010 Express 启动界面

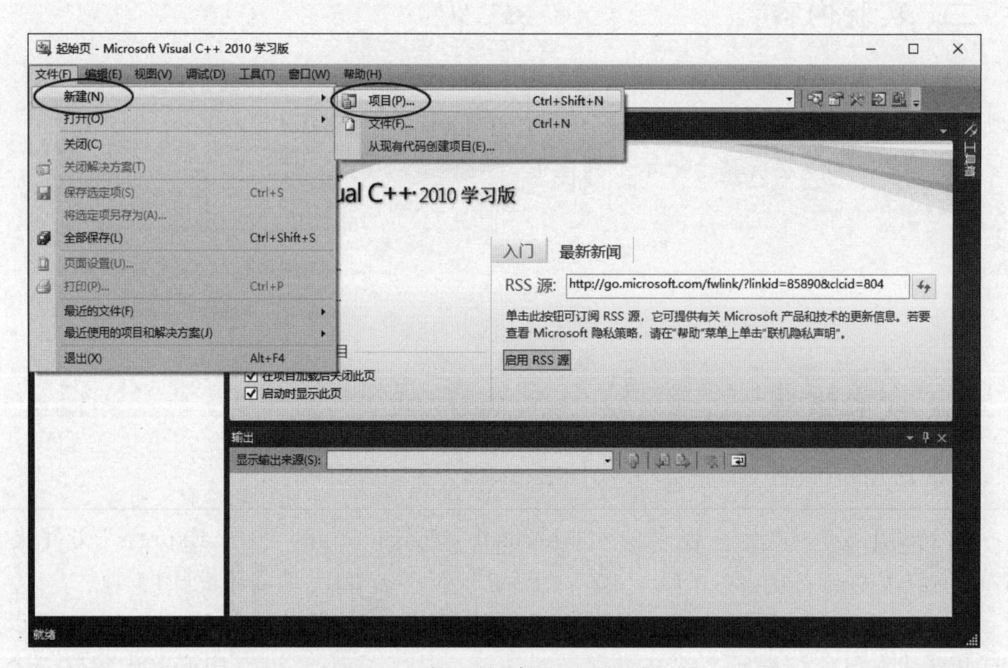

图 1-2 打开“新建项目”对话框

按钮。

(3) 在弹出的“Win32 应用程序向导”窗口中,单击“下一步”按钮(图 1-4)。

(4) 在弹出的第二个“Win32 应用程序向导”窗口中(图 1-5),选中“附加选项”中的“空项目”,取消默认的“预编译头”,单击“完成”按钮,弹出图 1-6 的项目窗口。此时一个新的解决方案 test 和项目 test 就建立好了。

图 1-3　“新建项目”对话框

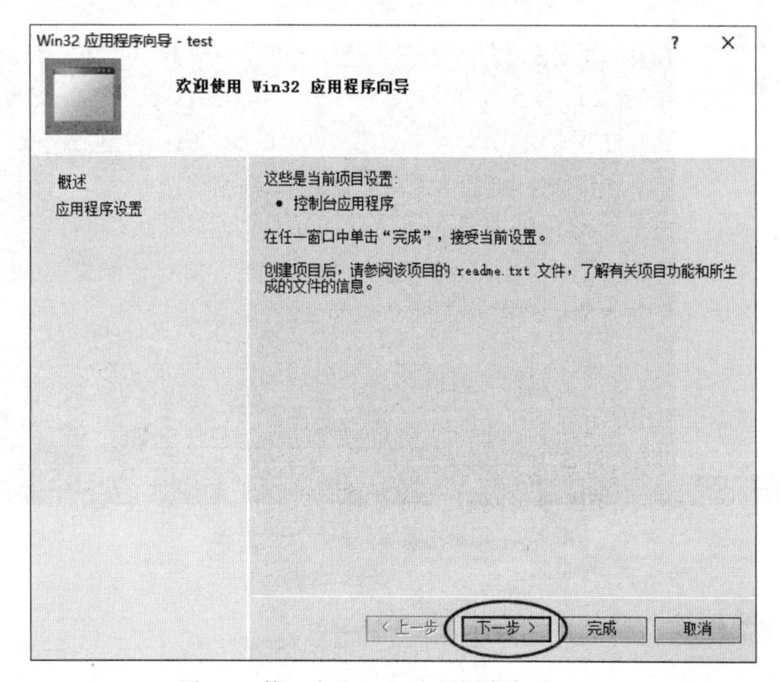

图 1-4　第一个“Win32 应用程序向导”窗口

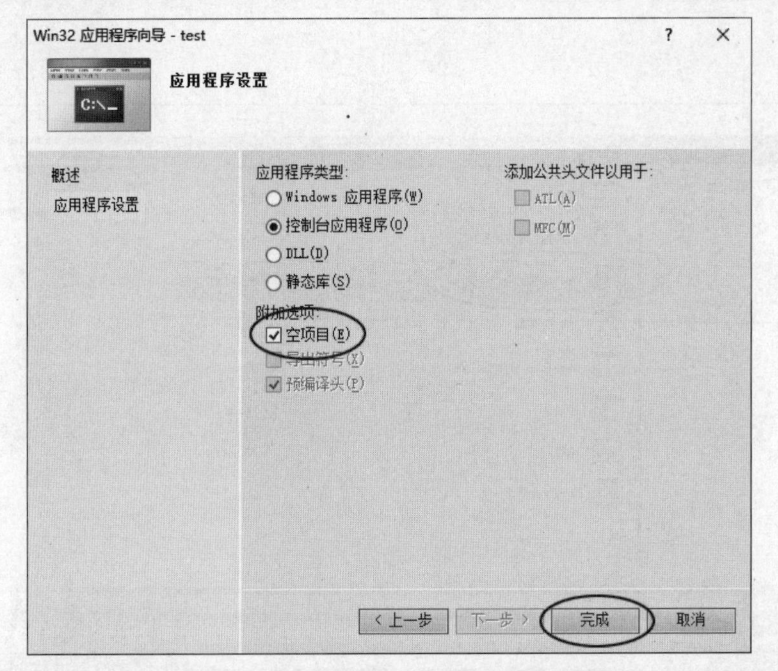

图 1-5 第二个"Win32 应用程序向导"窗口

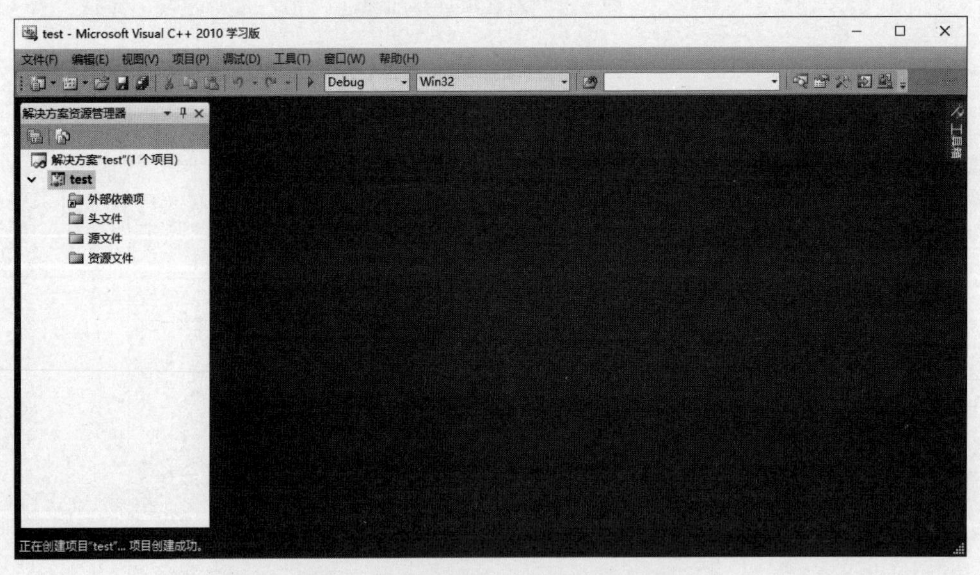

图 1-6 创建项目后的编译环境界面

2. 添加源文件

添加源文件可分为添加"新建项"和添加"现有项"两种。

(1) 添加"新建项"

① 右击窗口左侧"源文件",执行"添加"→"新建项"命令(图 1-7),打开"添加新项"对话框。

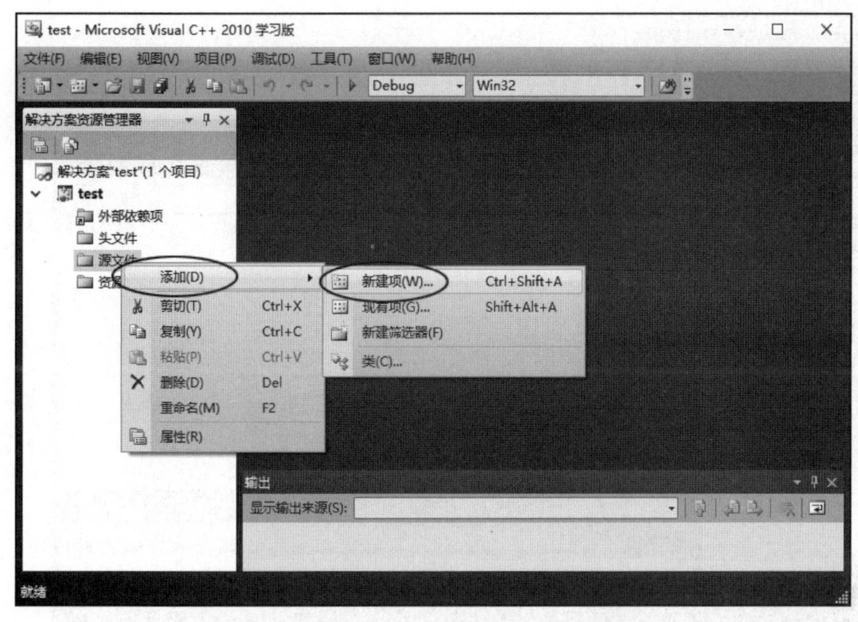

图 1-7　添加新建项目

② 在打开的"添加新项"对话框中(图 1-8),选择"C++ 文件",在"名称"栏中输入文件名称,如 test1.c(注意:此处若不输入扩展名".c",则系统默认建立".cpp"文件。一般情况下建议文件名连同扩展名一同输入),最后单击"添加"按钮生成 test1.c 文件,同时打开文件编辑区窗口(图 1-9)。用户根据需要可在文件编辑区窗口中输入程序代码。

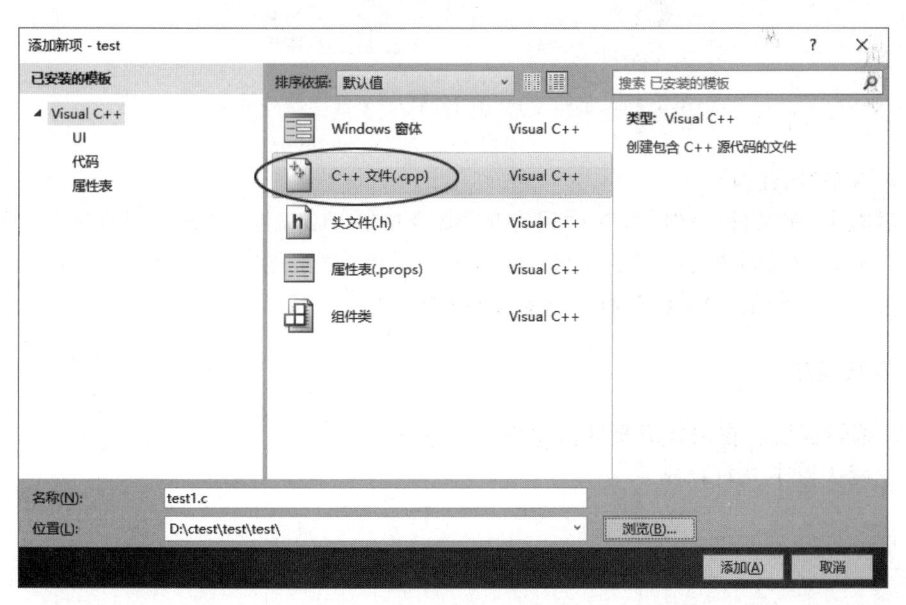

图 1-8　"添加新项"对话框

提示:以".cpp"为扩展名的文件为 C++ 的源文件,以".c"为扩展名的文件为 C 语言的源文件,在程序文件文件夹下我们可以看到".cpp"和".c"文件图标是不一样的,如图 1-10 所示。在学习 C 语言建立程序文件的过程中,如果只输入了文件名称而未输入扩展名,系统

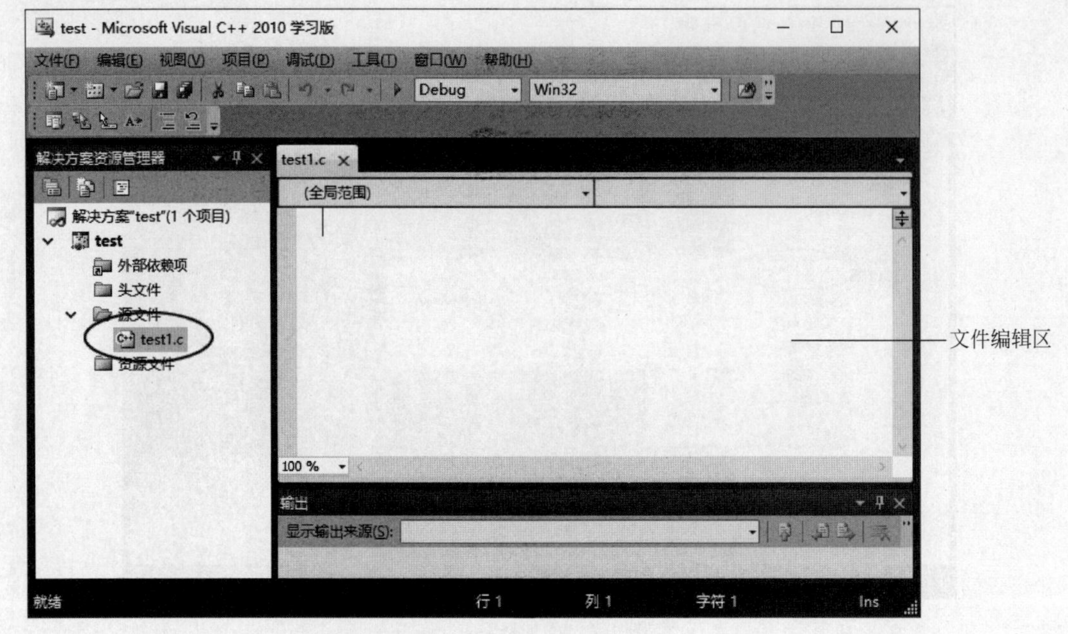

图 1-9　文件编辑区窗口

默认建立".cpp"文件，我们可以通过重命名的方法修改文件扩展名，右击文件→"重命名"将文件扩展名修改为".c"(图 1-11)。

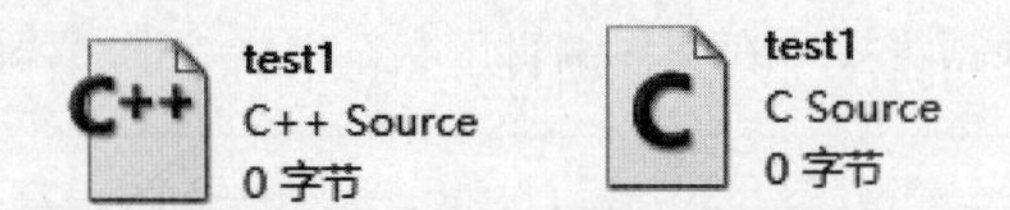

图 1-10　左侧".cpp"和右侧".c"文件图标对照图

(2) 添加"现有项"

通过右击"源文件"→"添加"→"现有项"命令(图 1-12)，打开"添加现有项"对话框，根据文件存放路径找到需要打开的文件(如 test2.c)，单击"添加"按钮即可完成文件的添加，通过双击窗口左侧 test2.c 即可打开现有文件(图 1-13)。

3. 执行程序

(1) 编辑程序。在文件编辑区窗口中输入程序。

例如输入以下几行程序：

```
#include<stdio.h>
int main()
{
    int a;
    scanf("%d",&a);
    printf("%d",a)
    return 0;
}
```

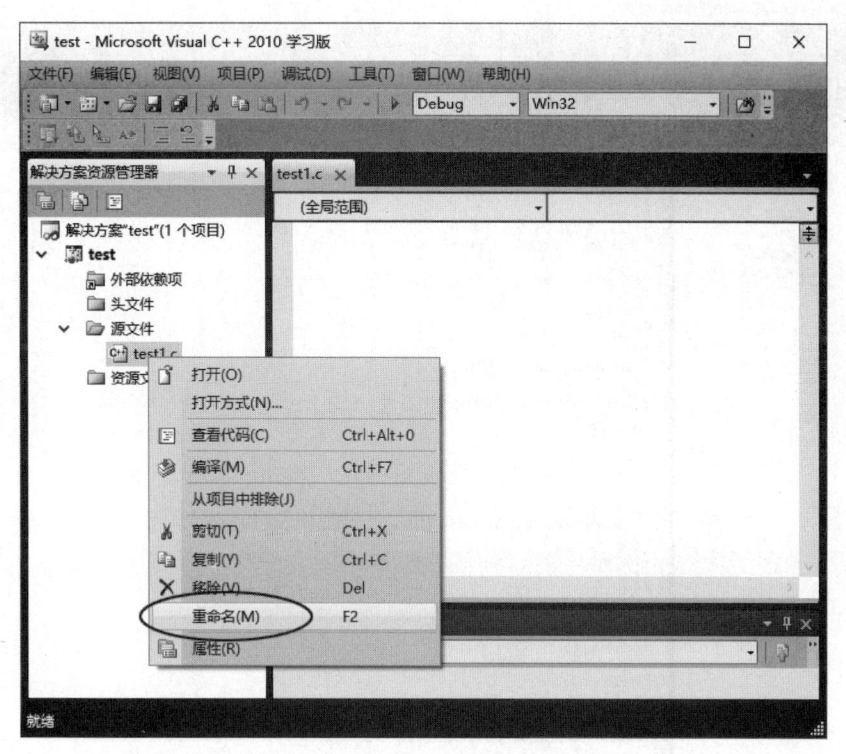

图 1-11　修改文件后缀

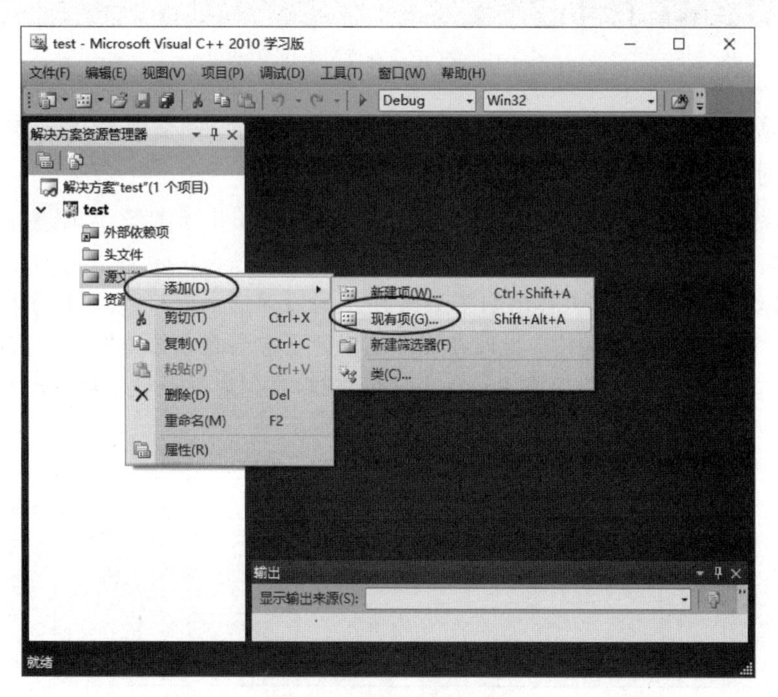

图 1-12　添加"现有项"

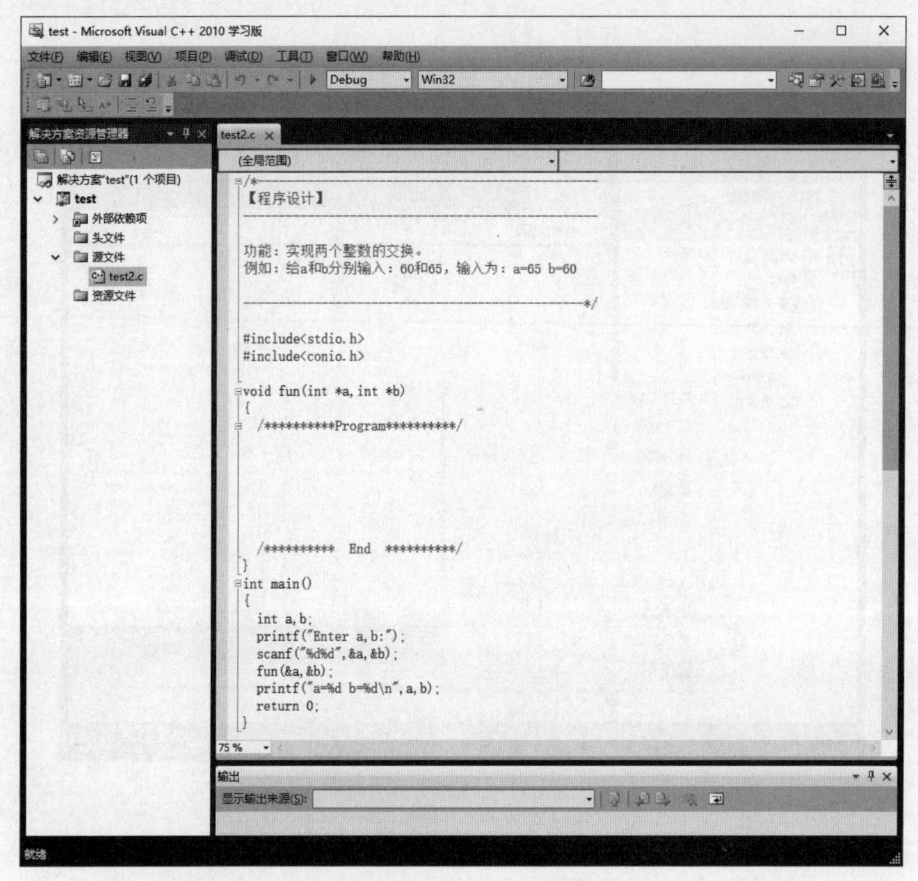

图 1-13　打开现有文件显示效果

检查程序有无错误，若有错误则进行修改，若无错误，执行“文件”→“保存”子菜单或单击工具栏上的“保存”按钮，将文件保存到指定文件夹中。

(2) 运行程序。选择“调试”→“启动调试”子菜单或单击工具栏上的“启动调试”按钮，运行程序。

单击“启动调试”按钮，如果弹出如图 1-14 所示的错误提示窗口，说明程序运行过程中发生错误，单击“否”，返回修改程序。此时在文件编辑区下方会自动添加“输出”窗口(图 1-15)，用户可根据“输出”窗口中的错误描述对程序进行修改，直到启动调试不再弹出错误提示窗口为止。

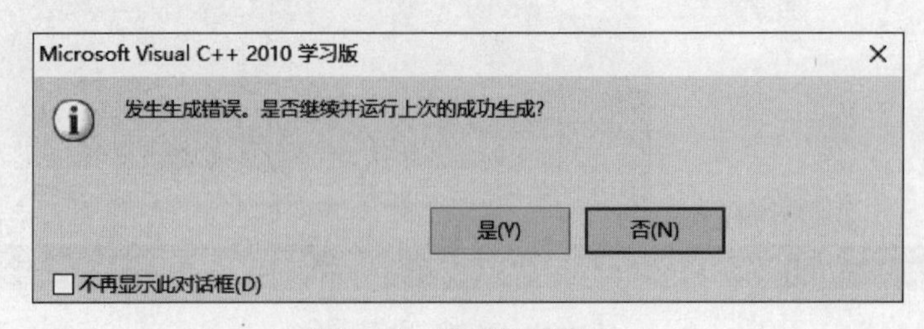

图 1-14　错误提示窗口

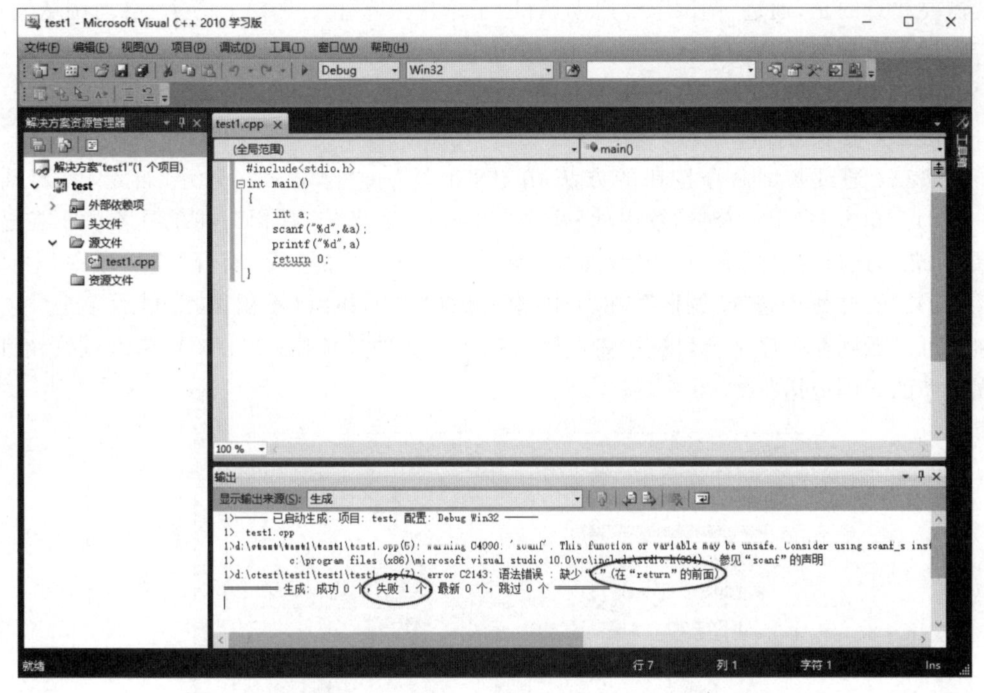

图 1-15　输出窗口

例如本程序在语句 printf("%d",a)后面丢掉了分号,添加英文分号即可。再次执行程序,系统自动切换到 DOS 环境,显示如图 1-16 所示的程序执行窗口。该窗口中的闪烁光标表示等待用户输入,例如键盘输入数字"10",按回车键,窗口显示运行结果(图 1-17)。单击窗口右上角"×"符号或者按键盘任意键退出 DOS 环境。

图 1-16　程序执行窗口

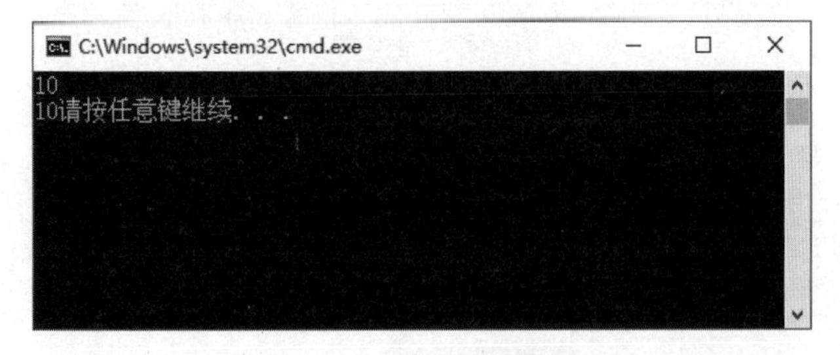

图 1-17　程序运行结果

需要注意的是，通过“调试”→“启动调试”子菜单或单击工具栏上的“启动调试”方法运行程序会出现闪退的现象，为了防止闪退，可以尝试使用以下方法进行解决：

方法一：按 Ctrl+F5 键运行程序；

方法二：按 Ctrl+F5+FN 键运行程序；

方法三：通过调试命令按钮的方法，单击“工具”→“自定义”，打开“自定义”对话框(图 1-18)。单击“自定义”对话框中的“命令”选项卡，选择“工具栏”，在工具栏的下拉选项选择“标准”，选择“控件”下的“开始/继续”，单击右侧的“添加命令”打开“添加命令”对话框(图 1-19)。在类别中选择“调试”，在右侧框中选择“开始执行(不调试)”，最后单击“确定”按钮。可以看到在程序主窗口按钮左侧出现一个新的按钮(图 1-20)，单击该按钮即可实现程序的非闪退运行。

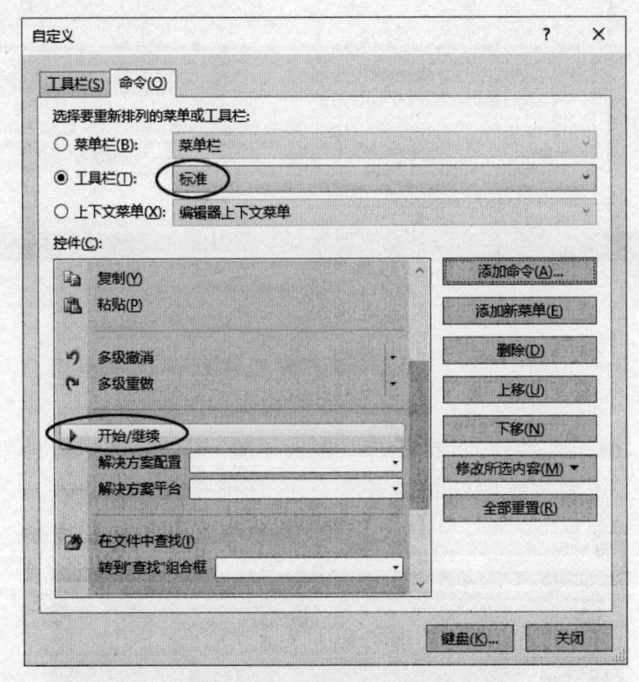

图 1-18 “自定义”对话框

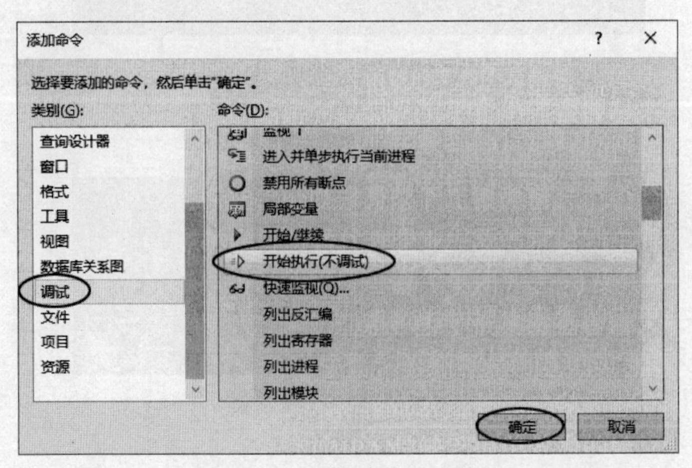

图 1-19 “添加命令”对话框

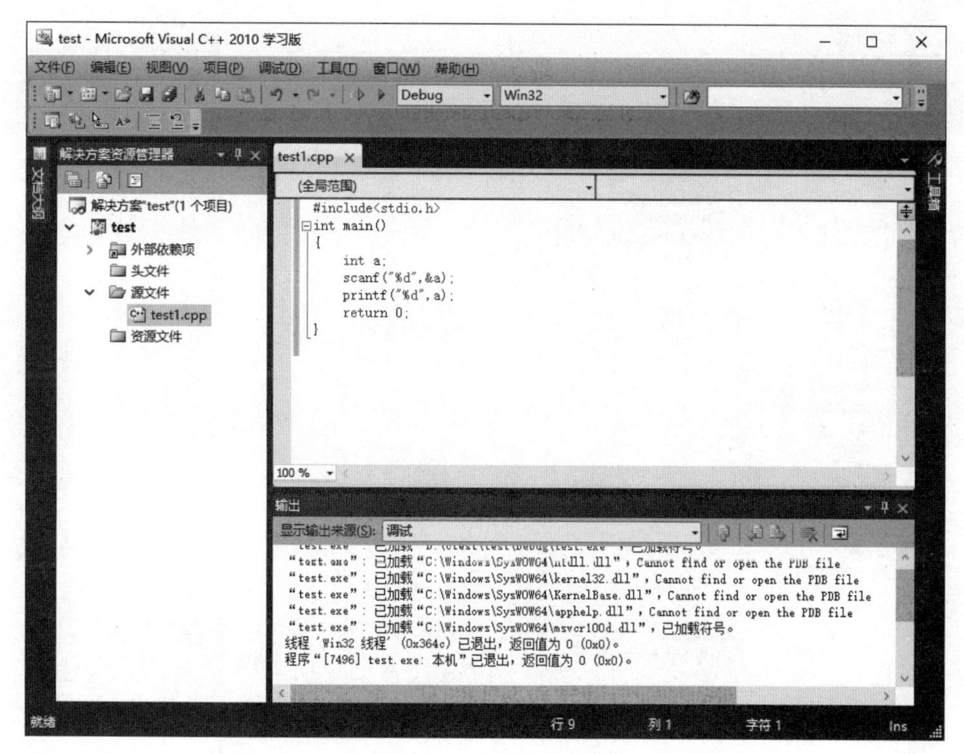

图 1-20　调试命令按钮

提示：VC++ 2010 程序中在使用 scanf 和 gets 函数时会出 warning 不安全警告，例如本例输出窗口中的第三行错误提示：

1>d:\ctest\test1\test1\test1.cpp(5)：warning C4996：'scanf'：This function or variable may be unsafe. Consider using scanf_s insteaD. To disable deprecation，use _CRT_SECURE_NO_WARNINGS. See online help for details.

针对该问题，我们可以通过"项目"→"test 属性"→"C/C++"→"预处理器"→"预处理器定义"中添加"_CRT_SECURE_NO_WARNINGS"预定义的方法解决(图 1-21)。

由于使用 scanf 和 gets 函数出现的 warning 不安全警告不会影响程序的运行，因此也可以忽略不做处理。

4. 文件的关闭

在编辑或打开新文件的时候，需要关闭当前解决方案，执行"文件"→"关闭解决方案"即可关闭当前解决方案(图 1-22)。

5. 打开现有项目

VC++ 2010 环境启动后，选择界面中的"打开项目"选项，在"打开项目"对话框中根据存放路径找到项目文件中扩展名为".sln"的解决方案文件(以前面建立好的 test 项目为例)，单击"打开"(图 1-23)，执行"源文件"→"添加"→"现有项"命令打开该项目中的程序文件。

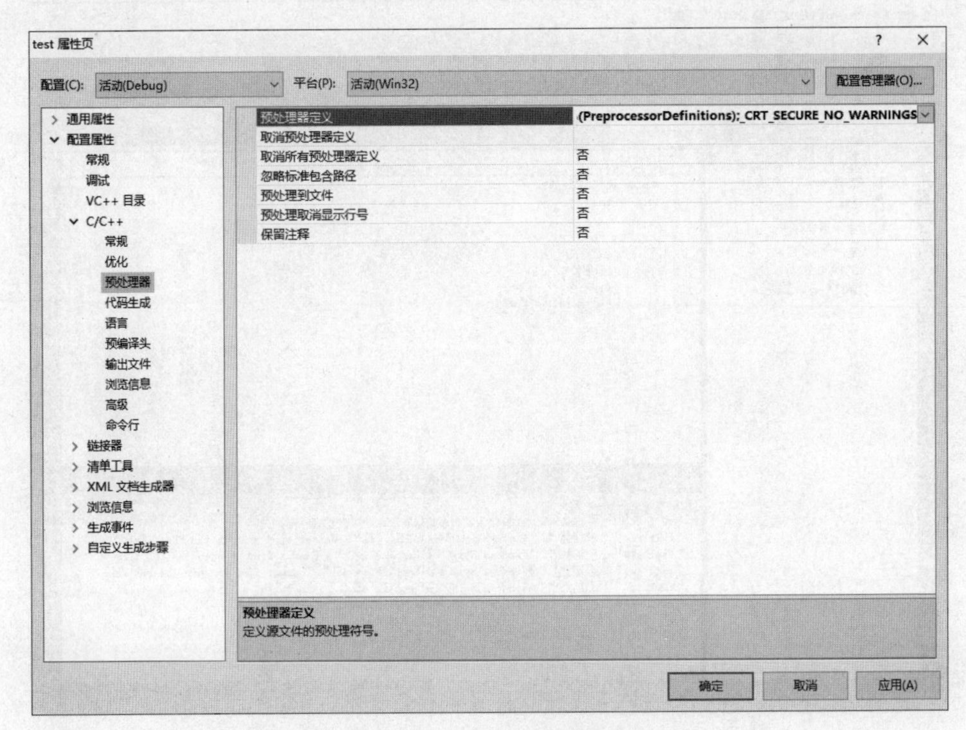

图 1-21 warning 不安全警告解决方法

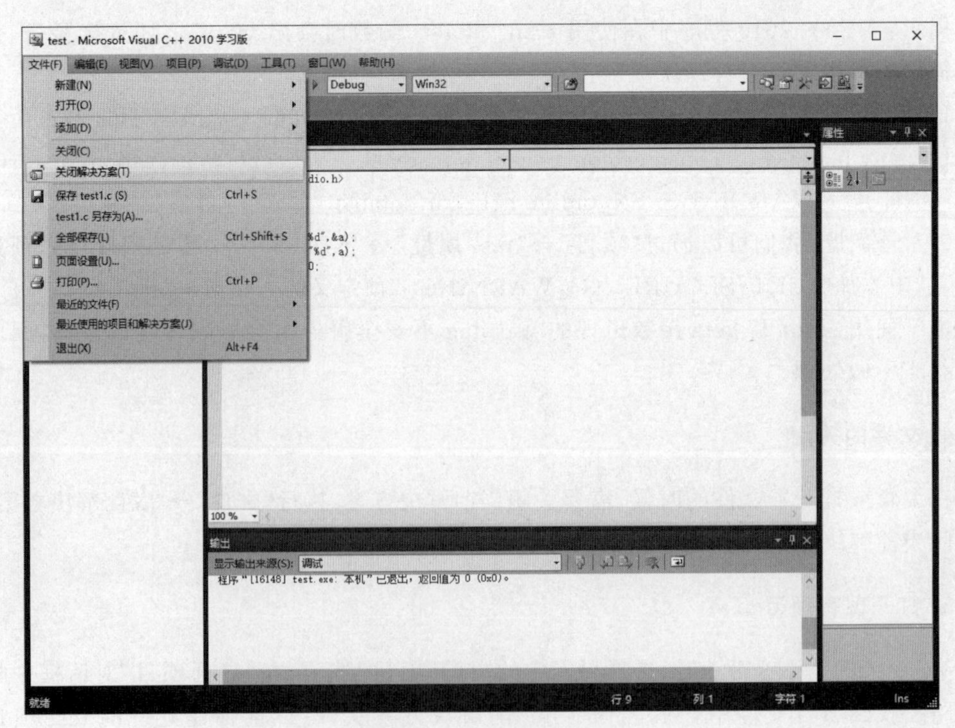

图 1-22 关闭解决方案

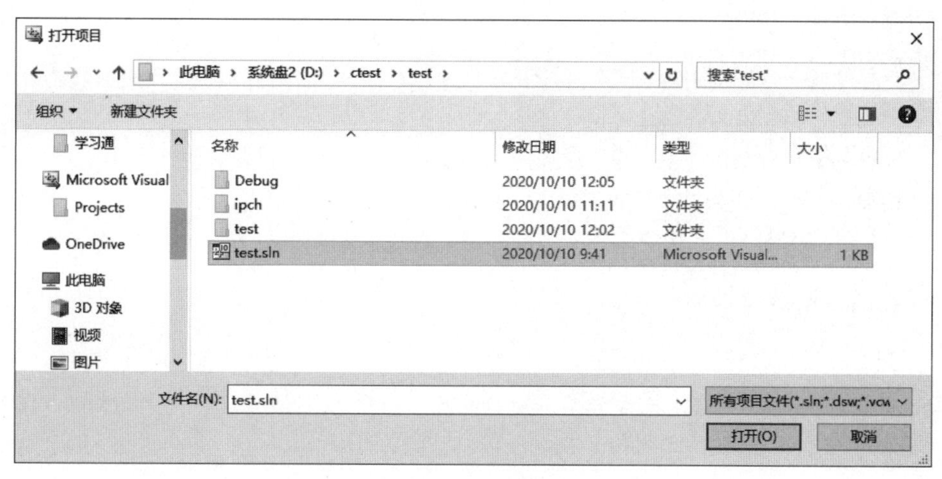

图 1-23 打开".sln"解决方案文件

提示：如果近期打开过该项目文件，则可通过"文件"→"最近使用的项目和解决方案"快速打开项目(图 1-24)。

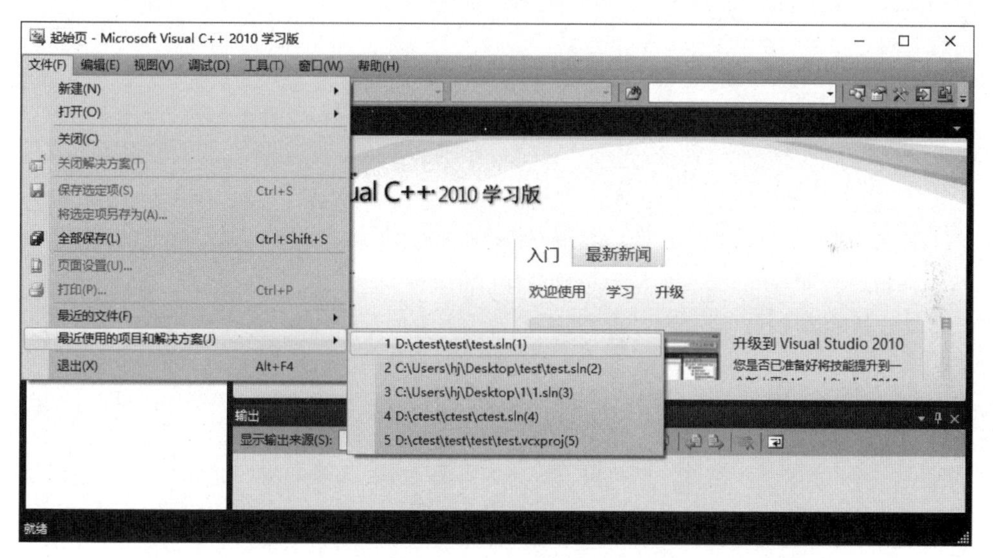

图 1-24 快速打开项目文件

四、实验思考题

改正下列程序中的错误，该源程序实现在屏幕上显示如下 3 行信息。

```
***************
I am a student!
***************
```

源程序(有错误的程序)

```
#include <stdio.h>
```

```
/**********FOUND1**********/
int mian( )
{
    printf("***************\n");
    /**********FOUND2**********/
    printf(I am a student!\n");
    /**********FOUND3**********/
    printf("***************\n")
    return 0;
}
```

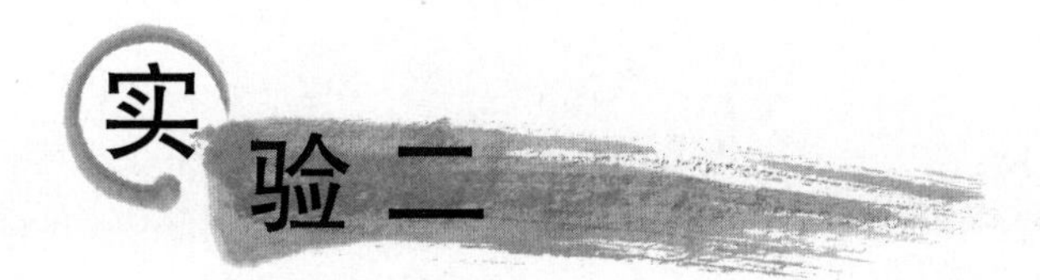

简单程序设计

一、实验目的

(1) 熟练掌握输入、输出函数的使用方法。

(2) 掌握输入多个数据的方法,理解格式符和输入变量类型的对应关系。

(3) 熟练掌握变量定义以及变量赋值。

(4) 学会书写复杂的算术表达式。

(5) 理解并掌握顺序结构程序设计流程。

二、实验内容及要求

1. 程序填空

(1) 下面程序的功能是:输入正方形的边长,计算周长和面积并输出。请补充完整程序,并上机运行。

```
#include <stdio.h>
int main( )
{
    int a;
    /************SPACE***********/
    scanf("【1】",【2】);
    /************SPACE***********/
    printf("正方形的边长是:%d\n",【3】);
    /************SPACE***********/
    printf("周长是:%d\n",【4】);
    printf("面积是:%d\n",a * a);
    return 0;
}
```

(2) 下面程序的功能是:实现两个数的对调操作。请补充完整程序,并上机运行。

```
#include <stdio.h>
int main( )
{
```

```
    int a,b,t;
    scanf("%d %d",&a,&b);
    printf("a=%d,b=%d\n",a,b);
    /***********SPACE***********/
    t=【1】;
    /***********SPACE***********/
    a=【2】;
    /***********SPACE***********/
    b=【3】;
    printf("a=%d,b=%d\n",a,b);
    return 0;
}
```

2. 程序改错

下面程序的功能是：求二分之一的圆面积。

例如：输入圆的半径值：19.527 输出为：s = 598.950017。

请指出程序的错误之处并改正过来，上机调试，提示：每个 FOUND 下面的语句中包含 1 处错误。

```
#include <stdio.h>
int main( )
{
    double s,r;
    printf ( "Enter r: ");
    /**********FOUND1**********/
    scanf ( "%d", &r );
    /**********FOUND2**********/
    s=1/2 * 3.14159 * r * r;
    /**********FOUND3**********/
    printf (" s = %f\n ", r );
    return 0;
}
```

3. 程序设计

(1) 从键盘输入一个小写字母，将其转换为相应的大写字母并输出。

(2) 输入长方形的长和宽(实数)，计算周长和面积，并输出结果。

(3) 从键盘输入一个三位整数，求各位数字以及它们的立方和，并将结果输出。

4. 提高实验

(1) 编写一个程序，其功能为从键盘上输入一元二次方程 $ax^2+bx+c=0$ 的各项系数 a、b、c 的值(要保证有两个实根)，根据公式计算方程的两个根，并输出(结果保留两位小数)：

$$x_{1,2}=\frac{-b\pm\sqrt{b^2-4ac}}{2a}$$

(2) 编写程序,计算华氏温度150°F对应的摄氏温度。计算公式:C=5×(F-32)/9,式中:C表示摄氏温度,F表示华氏温度,输出数据要求为整型。

按照下列格式输出:

华氏温度= 150,摄氏温度= 计算所得摄氏温度的整数值

思考:若计算任意一个华氏温度对应的摄氏温度呢?

三、实验指导

1. 程序设计(3)

(1) 核心代码。本题重点在于获取整数的每一位数字,对于一个三位整数a,各位数字分别这样获取:

个位数字=a%10

十位数字=a/10%10

百位数字=a/100

(2) 常见问题。注意顺序结构程序的执行方法是:从main函数的第一条语句开始执行,依次往下顺序执行每一条语句。

2. 提高实验(1)

算法步骤(请仔细体会顺序结构程序执行流程):

① 定义整数系数a,b,c;

② 定义两个实根x1,x2;

③ 定义整型变量delta,用于保存b * b-4 * a * c;

④ 输出提示语句"请输入三个系数(间隔方式:空格)";

⑤ 输入语句,给三个变量a,b,c赋值;

⑥ 计算并给delta赋值;

⑦ 计算x1,x2并赋值;

⑧ 输出。

在计算过程中,使用了数学函数sqrt(double)求平方根,需加入头文件math.h。下面给出计算x1的赋值语句:

```
x1=(-b+sqrt(delta))/(2 * a);
```

sqrt函数的结果是double类型,在上面计算x1的除法表达式中精度最高,所以整个表达式结果为double类型。

四、实验思考题

在程序设计(3)中,读者能不能根据获取各位数字的方法推理,获取四位整数的各个数字?

分支结构程序设计

一、实验目的

(1) 熟练掌握关系表达式和逻辑表达式的使用方法。
(2) 熟练掌握单分支 if 语句、双分支 if-else 语句、多分支 else if 语句的使用方法。
(3) 理解并掌握 switch 语句的使用方法。

二、实验内容及要求

1. 程序填空

(1) 以下程序的功能是：输出 x、y、z 三个数中的最大值。

```
#include<stdio.h>
int main( )
{
    int x = 4, y = 6,z = 7;
/***********SPACE***********/
    int u ,【1】;
    if(x>y)
/***********SPACE***********/
      【2】;
    else  u = y;
    if(u>z)
        v = u;
    else
        v=z;
    printf("the max is %d",v );
    return 0;
}
```

(2) 以下程序的功能是：输出 a、b、c 三个变量中的最小值。

```
#include <stdio.h>
int main()
{
```

```
    int a,b,c,t1,t2;
/***********SPACE***********/
    scanf("%d%d%d",&a,&b,【1】);
    t1=a<b? a:b;
/***********SPACE***********/
    t2=c<t1?【2】;
    printf("%d\n",t2);
}
```

2. 程序设计

（1）从键盘输入一个正整数 x，判断它是否为 3 和 7 的倍数，若是，输出“Yes!”，否则输出“No!”。

（2）从键盘输入 x，编程计算并输出下面分段函数的值。

$$y=\begin{cases}x & x<1\\ 2x-1 & 1\leqslant x<10\\ 3x-11 & x\geqslant 10\end{cases}$$

（3）从键盘输入任意字符，判断字符种类。若是大写字母则转换为对应的小写字母；若是小写字母则转换为对应的大写字母；若是数字则原样输出；若是其他字符则统一输出“其他字符”。

3. 提高题

从键盘输入一个学生的高等数学、物理、体育三门课成绩，成绩输入完毕后在屏幕上显示如下菜单，并根据从键盘输入的菜单编号执行相应的菜单功能。

```
**************************************
*            学生成绩管理             *
*       1.计算并输出总成绩            *
*       2.计算并输出平均成绩          *
*       3.输出最高分                  *
*       4.输出最低分                  *
**************************************
```

三、实验指导

1. 程序设计(1)

（1）设计分析与指导

本题主要考查 if 语句中复杂条件的写法。判断一个数是否是另一个数的倍数，需要使用求余运算符。例如：若 x%5==0 则表示 x 能被 5 整除，即 x 是 5 的倍数。表示多个条件同时成立，必须使用逻辑运算符“&&”。例如：判断 x 是否既是 5 又是 7 的倍数，应表示为 x%5==0&&x%7==0。

(2) 常见问题分析。

① 分号是语句的结束标记,不应写在 if 条件表达式的后面。若写错位置,C 编译器会将分号误认为"空语句",因此编译后并不报错。

错误写法:

```
if(x%5==0&&x%7==0);
    printf("Yes!\n");
```

正确写法:

```
if(x%5==0&&x%7==0)
    printf("Yes!\n");
```

分析:采用错误写法,当条件 x%5==0&&x%7==0 成立时,执行空语句,接着顺序执行其后的 printf 语句。因此,无论条件是否成立,程序运行后都会在屏幕上输出"Yes!"。

② 赋值运算符"="和逻辑相等运算符"=="的混淆使用导致编程错误。

本题中表示 x 对 5 求余数的结果为 0,应该使用逻辑相等运算符"==",而不是赋值运算符"="。

错误写法:

```
x%5=0
```

正确写法:

```
x%5==0
```

分析:采用错误写法,程序编译后会提示存在语法错误。因为"="是赋值运算符,赋值运算符的功能是将"="右边的常量或表达式的值赋值给"="左边的变量,赋值运算符无法给表达式赋值。

2. 程序设计(2)

(1) 设计分析与指导

本题可以采用多种分支结构编程:使用三条单分支 if 语句(尽量避免使用此种方法)、使用 if-else 语句的嵌套用法,或者使用多分支 else if 语句。

(2) 常见问题分析

① 表达式 y=2x-1 中的乘法运算符被省略掉了,但是在 C 语言编程语句中不能省略乘法运算符,否则编译器会报错。

错误写法:

```
y=2x-1;
```

正确写法:

```
y=2*x-1;
```

② 在多分支 else if 语句中,每一个 else 语句后面的 if 条件不需要用逻辑运算符连接上上一个 if 条件的相反区间。

复杂写法：

```
if(x<1)
    y=x;
else if(x>=1&&x<10)                /* 此处是复杂写法 */
    y=2*x-1;
else if(x>=10)
    y=3*x-11;
```

简单写法：

```
if(x<1)
    y=x;
else if(x<10)                      /* 此处是简单写法 */
    y=2*x-1;
else
    y=3*x-11;
```

3. 程序设计(3)

(1) 设计分析与指导

本题为典型的多分支选择结构。C 语言中字符常量的表示方法有两种，一种是用单引号引起来的单个字符，另一种是该字符对应的 ASCII 码值。大写字母 A 对应的 ASCII 码值是 65，小写字母 a 对应的 ASCII 码值是 97，两者相差 32，因此 32 便是进行大小写字母转换的关键数据。

(2) 常见问题分析

当 if 条件成立时需要执行多条语句，则多条语句应以复合语句的形式出现，即用大括号将多条语句括起来。若没有写成复合语句形式，当 if 条件成立时，C 编译器只会执行 if 下面的第一条语句，其余语句不再判断条件顺序执行。

错误写法：

```
if(ch>='a'&&ch<='z')
    ch=ch-32;
    printf("%c\n",ch);
```

正确写法：

```
if(ch>='a'&&ch<='z')
{
    ch=ch-32;
    printf("%c\n",ch);
}
```

分析：错误写法中，编译程序后 C 编译器给出错误提示“else 找不到匹配的 if”。原因是 else 的上一条语句是 printf 语句，而不是 if 语句。

4. 提高题

(1) 设计分析与指导

本题因为菜单项是整数 1、2、3、4 的列举形式，所以适合采用 switch 语句编程。根据输入菜单项编号的不同，分别执行不同的 case 分支。

(2) 常见问题分析

① switch 语句每个 case 分支若由多条语句组成可以不加大括号。

② 除 default 语句外，其他 case 分支不能缺少 break 语句。

错误写法：

```
switch(x)
{
    case 1: sum=gaishu+wuli+tiyu;printf("总成绩是:%d\n");
    case 2: average=( gaishu+wuli+tiyu)/3.0;printf("平均成绩是:%f\n");
    default:printf("菜单项输入有误!\n");
}
```

正确写法：

```
switch(x)
{
    case 1: sum=gaishu+wuli+tiyu;printf("总成绩是:%d\n");break;
    case 2: average=( gaishu+wuli+tiyu)/3.0;printf("平均成绩是:%f\n");break;
    default:printf("菜单项输入有误!\n");
}
```

分析：采用错误写法，当输入菜单项"1"时，屏幕上输出总成绩、平均成绩和"输入有误!"。因为 case 1 分支中没有使用 break 语句，输出总成绩后则继续执行后面 case 分支中的语句，直到遇到 break 语句或整个 switch 语句结束。

参考程序如下所示：

```
#include<stdio.h>
int main()
{
    int gaoshu,wuli,tiyu,choice,sum=0,max,min;
    float ave;
    printf("请输入高等数学、物理和体育三门课成绩(用空格间隔):");
    scanf("%d%d%d",&gaoshu,&wuli,&tiyu);
    printf("************************************\n");
    printf("*            学生成绩管理           *\n");
    printf("*        1.计算并输出总成绩         *\n");
    printf("*        2.计算并输出平均成绩       *\n");
    printf("*        3.输出最高分成绩           *\n");
    printf("*        4.输出最低分成绩           *\n");
    printf("************************************\n");
    switch(yy)
```

```
    {
        case 1:sum=gaoshu+wuli+tiyu;printf("总成绩:%d",sum);break;
        case 2:ave=(gaoshu+wuli+tiyu)/3.0;printf("平均成绩:%f",ave);break;
        case 3:
            max=gaoshu;
            if(max<wuli)max=wuli;
            if(max<tiyu)max=tiyu;
            printf("最高分成绩是:%d",max);
            break;
        case 4:
            min=gaoshu;
            if(min>wuli)min=wuli;
            if(min>tiyu)min=tiyu;
            printf("最低分成绩是:%d",min);
            break;
        default:printf("菜单项输入有误!\n");
    }
    return 0;
}
```

四、实验思考题

switch 语句和 else if 语句均能实现多分支选择结构,什么情况下适合使用 switch 语句?什么情况下又适合使用 else if 语句呢?

循环结构程序设计

4.1 基本循环语句使用

一、实验目的

(1) 熟悉 for、while 和 do-while 三种循环语句的使用。

(2) 理解循环条件和循环体,体会三种循环语句的异同。

(3) 掌握 break 和 continue 语句的使用。

二、实验内容及要求

1. 程序填空

(1) 以每行 5 个数来输出 300 以内能被 7 或 17 整除的偶数,并求出这些偶数之和。

```
#include <stdio.h>
int main()
{
    int i,n,sum;
    sum=0;
  /***********SPACE***********/
   【1】;
  /***********SPACE***********/
    for(i=1;【2】;i++)
  /***********SPACE***********/
        if(【3】)
            if(i%2==0)
            {
                sum=sum+i;
                n++;
                printf("%6d",i);
  /***********SPACE***********/
                if(【4】)
                    printf("\n");
```

```
    }
    printf("\ntotal=%d",sum);
    return 0;
}
```

(2) 某等差数列的第一项 a=2,公差 d=3。下面程序的功能是在前 n(1≤n≤10)项和中,输出所有项的和能被 4 整除者。

```
#include <stdio.h>
int main()
{
    int a,d,sum,n,i;
  /***********SPACE***********/
    a=2; d=3;i=1;sum=【1】;
    scanf("%d",&n);
    do{
        sum+=a;
        i++;
  /***********SPACE***********/
        【2】;
  /***********SPACE***********/
        if(【3】)
            printf("%d\n",sum);
    }while(i<=n);
    return 0;
}
```

2. 程序设计

(1) 从键盘任意输入 n 个数(以 0 结束),统计正负数的个数,并分别计算所有正数和负数的平均值。

(2) 输出 100 以内所有的同构数。所谓"同构数"是指这样的整数,这个数出现在它的平方数的右边。例如:输入整数 5,5 的平方数是 25,5 是 25 中右侧的数,所以 5 是同构数。

(3) 在"CCTV 青歌赛"中,有 10 个评委分别为参赛选手打分,分数为 1~100 分。选手最后得分为:去掉一个最高分和一个最低分后,其余评委分数的平均值。编程实现:求某个选手的参赛得分,评委分数从键盘任意输入。

(4) 输入一个正整数,将其按逆序输出。例如:输入 123,输出 321。(两种方法实现)

(5) 编写程序,序列求和,输入一个正实数 eps,计算序列 1-1/4+1/7-1/10+1/13-1/16+…的值,精确到最后一项的绝对值小于 eps。(保留 6 位小数)

3. 趣味编程

(1) 高空坠球。皮球从 h(单位:米)高度自由落下,触地后反弹到原高度的一半,再落下,再反弹……如此反复。问皮球在第 n 次落地时,在空中一共经过多少距离?第 n 次反弹的高度是多少?(输出结果保留 1 位小数)

(2) 黑洞数：黑洞数也称为陷阱数，又称“Kaprekar 问题”，是一类具有奇特转换特性的数。任何一个数字不全相同的三位数，经过有限次“重排求差”操作，总会得到 495。最后所得的 495 即为三位黑洞数。所谓“重排求差”操作即组成该数的数字重排后的最大数减去重排后的最小数。(6174 为四位黑洞数)

例如，对一个三位数 123：

第 1 次重排求差：321－123＝198；

第 2 次重排求差：981－189＝792；

第 3 次重排求差：972－279＝693；

第 4 次重排求差：963－369＝594；

第 5 次重排求差：954－459＝495；

以后会停留在 495 这一黑洞数。如果三位数的 3 个数字全相同，一次转换后即为 0。任意输入一个三位数，编程给出重排求差的过程。

三、实验指导

1. 程序设计(1)

(1) 设计分析与指导

① 确定循环语句。从键盘任意输入 n 个数 m，直到输入数字 0 循环结束。因此循环次数未知，使用 while 或 do-while 语句更合适。循环条件为 m!＝0。

② 判断正负数。使用双分支选择语句 if 语句，判断条件 m＞0，成立则是正数，对正数计数并累加求和，否则是负数，对负数计数并累加求和。

首先从键盘输入 1 个数，使用 while 循环语句判断循环条件成立的话，只要输入的数 m 不为 0，则判断正负数，分别进行计数并累加，循环条件不满足时跳出循环，分别计算正负数的平均值。num1 和 num2 用于正负数的计数，sum1 和 sum2 用于累加正负数，ave1 和 ave2 用于求正负数的平均值。

(2) 常见问题分析

① 在进入循环之前需要从键盘上输入 1 个数 m，然后判断循环条件，条件成立进行计数并求和。跳出循环前还需要从键盘输入 1 个数 m，为下一次循环条件判断做准备。

② 用于求和及求平均值的变量应定义为 float 实型，否则，在求平均值时，例如 sum1/num1 会相除取整，影响所求数据的精度。

③ while 语句的循环体中包含 2 条语句，因此必须用大括号括起来组成复合语句。if 语句同理。

2. 程序设计(2)

(1) 设计分析与指导

所谓“同构数”是指这样的整数，这个数出现在它的平方数的右边。100 以内这样的同构数分为 2 种情况：如果这个整数＜10，如整数 5，5 的平方数是 25，5 是 25 中右侧的数，所以 5 是同构数；如果 10＜＝这个整数＜＝100，如 25，25 的平方数是 625，25 是 625 中右侧的数，所以 25 是同构数。

① 确定循环语句。用 i 表示这个数,因为输出 100 以内的同构数,因此 i 从 1 开始,100 结束,循环次数已知,使用 for 语句更合适。

② 判断是否是同构数。使用单分支选择语句 if 语句,这个整数＜10 和＞=10 两种情况下判断条件成立则是同构数,输出。

(2) 常见问题分析

① 循环体中包含 2 条语句,因此必须用大括号括起来组成复合语句。循环体的语句写法简洁,直接用"||"表示＜10 和＞=10 两种情况下是否是同构数的条件判断。也可以这样写:

```
{
    a=i*i;
    if(i<10)
        if(a%10==i)
            printf("%d  ",i);
    if(i>=10)
        if(a%100==i)
            printf("%d  ",i);
}
```

读者可以比较这两种写法的不同。这样的写法是按照前面描述的方式,将＜10 和＞=10 两种情况分开来讨论,这里用了 2 个单分支 if 语句,并且每一个单分支 if 语句中又嵌套一个单分支 if 语句,结构比较复杂。

② 条件判断 if(a%10==i||a%100==i)的写法,首先判断 a%10 与 i 是否相等,应该用"==",不能用"="。其次,a%10==i 与 a%100==i 两个条件只要有一个条件成立即为同构数,因此两个条件用"||"连接,不能用"&&",注意区分这两种逻辑运算符。

③ 本题使用单分支 if 语句,判断是同构数就输出该数,不是则不做任何处理,进入下一次循环。

3. 程序设计(3)

设计分析与指导

本题要求对 10 个分数求最大值、最小值及平均值。设置最大值和最小值的初值分别为 0 和 100。通过循环依次输入 10 个分数,每输入一个分数,进行累加、求最大、最小值。最后将累加结果减去最大和最小值后求平均。当然本题对于最大、最小值的初值也可以设置为第一次输入的分数,读者可以思考,程序应该如何改写。

4. 程序设计(4)

设计分析与指导

方法 1:为了实现逆序输出一个正整数,需要把该数按逆序逐位拆开,然后输出。在循环中每次分离一位,分离方法是对 10 求余数。

设 x=12345,从低位开始分离,12345 % 10 = 5,为了能继续使用求余运算分离下一位,需要改变 x 的值为 12345/10 = 1234。

重复上述操作：

1234 % 10 = 4；

1234 / 10 = 123；

123 % 10 = 3；

123 / 10 = 12；

12 % 10 = 2；

12 / 10 = 1；

1 % 10 = 1；

1 / 10 = 0。

当 x 最后变为 0 时，处理过程结束。经过归纳得到：

① 重复以下步骤：

x % 10，分离一位

x = x / 10，为下一次分离做准备

② 直到 x = = 0，循环结束。

由于循环次数由 x 的位数决定，不同的数其循环次数不同，因此，对于程序来说，属于未知次数的循环，循环语句采用 while。

方法 2：与方法 1 的区别在循环体内的语句，sum 从 0 开始，每次乘以 10 加上每次求得的个位数字得到新数，更新 sum 的值。

5. 趣味编程(1)

设计分析与指导

设 x 为皮球在空中一共经过的长度，reh 为第 i 次反弹的高度，循环 n 次，每一次循环中都需要计算当次皮球在空中经过的长度，反弹的高度，并且给 h 更新。循环体语句写为：

```
{
    x+=h+reh;
    reh=h/2;
    h=h/2;
}
```

四、实验思考题

兔子繁衍问题。一对兔子，从出生后第 3 个月起每个月都生一对兔子。小兔子长到第 3 个月后每个月又生一对兔子。假设兔子都不死，请问第一个月出生的一对兔子，至少需要繁衍到第几个月时兔子总数才可以达到 n 对？输入一个不超过 10000 的正整数 n，输出兔子总数达到 n 最少需要的月数。

4.2 嵌套循环

一、实验目的

(1) 熟练掌握循环结构的嵌套用法。
(2) 灵活使用 break 和 continue 语句。

二、实验内容及要求

1. 程序填空

(1) 输出 100 到 10000 之间的各位数字之和能被 15 整除的所有数,输出时每 10 个一行。

```
#include <stdio.h>
int main( )
{
    int m,n,k,i=0;
    for(m=100;m<=1000;m++)
    {
/***********SPACE***********/
        【1】;
        n=m;
        do
        {
/***********SPACE***********/
            k=k+【2】;
            n=n/10;
/***********SPACE***********/
        }【3】;
        if (k%15==0)
        {
            printf("%5d",m);i++;
/***********SPACE***********/
            if(i%10==0) 【4】;
        }
    }
    return 0;
}
```

(2) 百鸡问题: 100 元买 100 只鸡,公鸡一只 5 元钱,母鸡一只 3 元钱,小鸡一元钱三只,求 100 元钱能买公鸡、母鸡、小鸡各多少只?

```
#include <stdio.h>
```

```
int main( )
{
    int cocks,hens,chicks;
    cocks=0;
    while(cocks<=19)
    {
/***********SPACE***********/
        【1】=0;
/***********SPACE***********/
        while(hens<=【2】)
        {
            chicks=100-cocks-hens;
            if(5 * cocks+3 * hens+chicks/3==100)
                printf("%d,%d,%d\n",cocks,hens,chicks);
/***********SPACE***********/
                【3】;
        }
/***********SPACE***********/
        【4】;
    }
    return 0;
}
```

2. 程序设计

(1) 输出三位数中的所有水仙花数,要求用两种算法实现。

(2) 用 100 元人民币兑换 10 元、5 元和 1 元的纸币(每种都要有)共 50 张,请用穷举法编程计算共有几种兑换方案,每种方案各兑换多少张纸币。

3. 趣味编程

梅森数(Mersenne Prime):形如 2^n-1 的正整数,其中指数 n 是素数。如果一个梅森数是素数,则称其为梅森素数。例如 $2^2-1=3$、$2^3-1=7$ 都是梅森素数。当 n=2,3,5,7 时,2^n-1 都是素数,但 n=11 时,$2^n-1=2^{11}-1=2047=23*89$,显然不是梅森素数。

1722 年,瑞士数学大师欧拉证明了 $2^{31}-1=2147483647$ 是一个素数,它共有 10 位数,成为当时世界上已知的最大素数。迄今为止,人类仅发现了 47 个梅森素数。梅森素数历来都是数论研究中的一项重要内容,也是当今科学探索中的热点和难点问题。

试求出指数 n<20 的所有梅森素数。

三、实验指导

1. 程序设计(1)

(1) 设计分析与指导

所谓水仙花数是指一个 3 位正整数,其每位数字的立方和恰好等于这个正整数本身。

例如：$153=1^3+5^3+3^3$。

① 确定循环语句。用i,j,k分别表示3位数的百位、十位和个位,那么由i,j,k组成的3位数为i*100+j*10+k,共有9*10*10个数。因此该题目应该使用三重循环,由外到内循环变量依次为i,j,k,循环次数已知,使用for语句更合适。

② 判断是否是水仙花数。使用单分支选择语句if语句,判断条件(i*i*i+j*j*j+k*k*k)与3位数i*100+j*10+k是否相等,成立则是水仙花数,输出。

题目在三重循环中依次查找符合条件的3位数时,在循环体中进行if条件判断,循环控制变量i的取值从1～9,j和k的取值从0～9。

(2) 常见问题分析

① 三重循环的结构,i是外循环的循环变量,j是中循环的循环变量,k是内循环的循环变量,if语句是内循环的循环体语句,而内循环又是中循环的循环体语句,同理中循环又是外循环的循环体语句,因此,三个for语句后面均不能加“;”。

② if条件判断(i*i*i+j*j*j+k*k*k)与3位数i*100+j*10+k是否相等。“=”是赋值运算符,而“==”是关系运算符,用于判断两个数据是否相等。使用“=”,C编译器会报错,它认为是将表达式i*100+j*10+k赋值给表达式i*i*i+j*j*j+k*k*k,赋值运算符“=”左侧必须为变量,不能为表达式。

③ 本题目使用单分支if语句,判断是水仙花数就输出该数,不是则不做任何处理,进入下一次循环。

本题也可以使用while或do-while循环语句实现,此处不再赘述。本题还可以使用单循环实现,循环变量从100到999,依次判断是否为水仙花数。

2. 趣味编程

设计分析与指导

要编程求解的问题是找出指数n<20的所有梅森素数。根据梅森素数的定义,我们可以先求出n<20的所有梅森数,再逐一判断这些数是否为素数。如果是素数,则表示该数为梅森素数,打印输出即可;否则不是梅森素数。在本题的算法设计中需要采用嵌套循环结构。

设变量p存储梅森数,整数i表示指数,其取值从2-19,外层循环i每变化一次,都相应的计算出一个梅森数,存放在p中。对每次计算得到的当前p值,内层循环用来判断是否为素数。

四、实验思考题

在“输出三位数中的所有水仙花数”题目基础上,输入一个正整数n(3<=n<=7),输出所有的n位水仙花数。

函　数

一、实验目的

(1) 熟练掌握用户自定义函数的定义、函数声明及函数的调用方法。

(2) 掌握函数实参与形参的对应关系以及值传递的方式。

(3) 掌握函数的嵌套调用和递归调用的方法,会用函数解决简单的问题。

(4) 掌握全局变量、局部变量的使用方法,理解局部静态变量的概念和使用方法。

二、实验内容

1. 程序填空

(1) 下列给定程序中,函数 fun 的功能是：按照以下公式计算 s 的值并返回。例如：当形参 n 的值为 10 时,函数返回值为 9.612558。

$$x=\frac{1\times 3}{2^2}+\frac{3\times 5}{4^2}+\frac{5\times 7}{6^2}+\cdots+\frac{(2\times m-1)\times(2\times m+1)}{(2\times m)^2}$$

```
#include <stdio.h>
double fun(int  n)
{
    int  i;
    double  s, t;
/***********SPACE***********/
    s=【1】;
/***********SPACE***********/
    for(i=1; i<=【2】; i++)
    {
       t=2.0 * i;
/***********SPACE***********/
       s=s+(2.0 * i-1) * (2.0 * i+1)/【3】;
    }
/***********SPACE***********/
    return【4】;
}
int main()
```

```
{
    int n;
    printf("Please input(n>0): ");
    scanf("%d",&n);
    printf("\nThe result is: %f\n",fun(n));
    return 0;
}
```

(2) 函数 fun 的功能是：统计长整数 n 的各位上出现数字 1、2、3 的次数，并用全局变量 c1、c2、c3 返回 main 函数。

例如，当 n=123114350 时，结果应该为：n=123114350　c1=3　c2=1　c3=2。

```
#include <stdio.h>
int c1,c2,c3;
void fun(long n)
{
    c1=c2=c3=0;
    while(n)
    {
    /***********SPACE***********/
        switch(【1】)
        {
            case 1:
    /***********SPACE***********/
                c1++;【2】;
            case 2:
    /***********SPACE***********/
                c2++;【3】;
            case 3:
                c3++;
        }
        n/=10;
    }
}
int main()
{
    long n=123114350L;
    fun(n);
    printf("\nThe result: \n");
    printf("n=%ld  c1=%d  c2=%d  c3=%d\n",n,c1,c2,c3);
    return 0;
}
```

2. 程序设计

(1) 下面程序的功能是输出 100～200 的所有素数，每行输出 5 个数。编写 fun 函数判断 m 是否为素数。

```
#include <stdio.h>
/* fun 函数的功能是判断 m 是否是素数,是素数返回 1,否则返回 0 */
int fun(int m)
{
/**********Program**********/

/**********  End  **********/
}
int main( )
{
    int m,k=0;
    for(m=100;m<200;m++)
        if(fun(m))
        {
            printf("%4d",m);
            k++;
            if(k%5==0)
                printf("\n");
        }
    return 0;
}
```

(2) 求一个自然数 n 的各位数字之积。

```
#include <stdio.h>
long fun(long n)
{
  /**********Program**********/

  /**********  End  **********/
}

int main( )
{
  long m;
  printf("Enter m: ");
  scanf("%ld", &m);
  printf("\nThe result is %ld\n", fun(m));
  return 0;
}
```

(3) 请编写函数 fun,其功能是:按照以下公式计算 s 的值并返回。

$s=1+(1+\sqrt{2})+(1+\sqrt{2}+\sqrt{3})+\cdots+(1+\sqrt{2}+\cdots+\sqrt{n})$

例如,在 main 函数中输入 n 的值为 20,输出为:s=534.188884。

```
#include<math.h>
#include<stdio.h>
double fun(int n)
{
/**********Program**********/

/**********  End  **********/
}
int main( )
{
    int n;
    double s;
    printf("\n\nInput n: ");
    scanf("%d",&n);
    s=fun(n);
    printf("\ns=%f\n\n",s);
    return 0;
}
```

(4) 下面程序的功能是：求100～1000的回文数个数(回文数是指从左往右读与从右往左读相等的数,例如：121,232等都是回文数),编写hws函数判断其参数是不是回文数。

```
#include<stdio.h>
int hws(long n)                          /*判断n是否是回文数,是返回1,不是返回0*/
{
    /**********Program**********/

    /**********  End  **********/
}
int main( )
{
    long i;
    int k=0;
    int hws(long n);
    for(i=100;i<=1000 ;i++)
        if(hws(i))
            k++;
    printf("100到1000之间回文数的个数为:%d\n",k );
    return 0;
}
```

3. 趣味编程

相传在古印度圣庙中,有一种被称为汉诺塔(Hanoi)的游戏。该游戏是在一块铜板装置上,有三根杆(编号A、B、C),在A杆自上而下、由小到大按顺序放置64个圆盘。游戏的目标：把A杆上的圆盘全部搬到C杆上,并仍保持原有顺序叠好。操作规则：每次只能搬一个盘子,并且在搬动过程中三根杆上都始终保持大盘在下,小盘在上,操作过程中盘子可以置于 A、B、C 任一杆上。要求用程序模拟该过程,并输出搬动步骤。

三、实验指导

1. 程序设计(3)

(1) 设计分析与指导

定义 s 存储累加和,初值为 0;item 存储公式中的每一项,初值为 0;n 项值求和,用 for 循环实现,循环 n 次。平方根可用 sqrt 函数或 pow 函数实现。

主要代码如下:

```
for(i=1;i<=n;i++)
{
    item=item+pow(i,0.5);                    /*求每一项*/
    s=s+item;                                /*按公式求出 s*/
}
```

(2) 常见问题分析

① 程序中用到数学函数 sqrt 或 pow,需要在程序开头加上:

```
#include <math.h>
```

② 在 fun 函数中一定要使用形参 n 的值。

2. 程序设计(4)

(1) 设计分析与指导

判断 n 是否回文数,只需要计算出 n 的逆序数 t 是否和 n 相等即可。

求 n 的逆序数 t 代码如下:

```
x=n;
while(x>0)
{
    i=x%10;
    t=t*10+i;
    x=x/10;
}
```

(2) 常见问题分析

需要先把 n 的值保存到 x 中,再计算 n 的逆序数 t,否则执行完上述 while 循环后,x 的值为 0。

3. 趣味编程

1) 设计分析与指导

这是一个递归程序设计的经典例子。设 A 杆上有 n 个圆盘,递归方法的两个要点:

(1) 递归出口:如果 n=1,则将圆盘从 A 杆直接搬到 C 杆,问题解决。

(2) 递归式子：当 n 大于等于 2 时，搬动过程可分解为三个步骤：

① n－1 个圆盘从 A 杆搬到 B 杆；

② 第 n 号盘子从 A 杆搬动 C 杆；

③ n－1 个圆盘从 B 杆搬到 C 杆。

按照搬动规则，必须有 3 个杆才能完成搬动，因此 Hanoi 函数原型为：

```
void Hanio(int n,char x,char y,char z)
```

参考程序如下：

```
void Hanio(int n,char x,char y,char z)
{
    if(n==1)  printf("%c-->%c  ",x,z);
    else
    {
        move(n-1,x,z,y);
        printf("%c-->%c  ",x,z);
        move(n-1,y,x,z);
    }
}
```

2) 常见问题分析

n 个圆盘至少需要搬动 2^n-1 次才能完成游戏，当 n＝64 时，需要搬动 10^{19}，如果游戏者每天 24 小时不停地搬，每秒钟搬动 1 次，大约需要 10^{11} 年，比地球年龄还要长。即使计算机每秒搬动 10^{10} 次，也需要 10 年。

运行此程序时，输入的 n 值不宜过大，最好在 10 以下。

四、实验思考题

汉诺塔问题不用递归函数能实现吗？

实验六 数组

一、实验目的

（1）掌握一维数组和二维数组的定义。

（2）掌握一维数组和二维数组元素的引用方法。

（3）掌握一维数组和二维数组的输入、输出方法。

（4）掌握字符数组和字符串常用函数的使用方法。

（5）掌握与数组有关的算法（例如排序、查找、插入、删除等）。

（6）掌握数组名作函数参数的地址传递方法。

二、实验内容及要求

1. 程序填空

（1）数组 xx[N]保存着一组 3 位正整数，从数组 xx 中找出个位和百位的数字相等的所有整数，结果保存在数组 yy 中，其个数由 fun 函数返回。请完成程序填空。

```
#include<stdio.h>
#define N 1000
int fun(int xx[],int bb[],int num)
{
    int i,n=0;
    int g,b;
    for(i=0;i<num;i++)
    {
    /***********SPACE***********/
        g=【1】;
        b=xx[i]/100;
        if(g==b)
    /***********SPACE***********/
       {【2】;
        n++;}
    }
    /***********SPACE***********/
```

```
    return【3】;
}
int main()
{
    int xx[8]={135,787,232,222,424,333,141,541};
    int yy[N];
    int num=0,n=0,i=0;
    num=8;
    printf("***original data ***\n");
    for(i=0;i<num;i++)
        printf("%u ",xx[i]);
    printf("\n\n\n");
    /***********SPACE***********/
    n=fun(【4】);
    printf("\nyy= ");
    for(i=0;i<n;i++)
        printf("%u ",yy[i]);
    return 0;
}
```

(2) fun 函数的功能是：找出 N×N 矩阵中每列元素中的最大值，并按顺序依次存放于形参 b 所指的一维数组中。请完成程序填空。

```
#include  <stdio.h>
#define  N  4
void fun(int  a[N][N], int  b[])
{
    int  i,j;
    for(i=0; i<N; i++)
    {
    /***********SPACE***********/
        b[i]=【1】;                              /*b数组赋初值为每列的起始元素*/
        for(j=1; j<N; j++)
    /***********SPACE***********/
            if(b[i]【2】a[j][i])
                b[i]=a[j][i];
    }
}
int main()
{
    int  x[N][N]={ {12,5,8,7},{6,1,9,3},{1,2,3,4},{2,8,4,3} },y[N],i,j;
    printf("\nThe matrix :\n");
    for(i=0;i<N; i++)
    {
        for(j=0;j<N; j++)
            printf("%4d",x[i][j]);
```

```
        printf("\n");
    }
    /***********SPACE***********/
    fun(【3】);
    printf("\nThe result is:");
    for(i=0; i<N; i++)
        printf("%3d",y[i]);
    printf("\n");
    return 0;
}
```

(3) 以下程序的功能是输入字符串,再输入一个字符,将字符串中与输入字符相同的字符删除。请完成程序填空。

```
#include "stdio.h"
void fun(char a[],char c)
{
    int i,j;
/***********SPACE***********/
    for(i=j=0; 【1】;i++)
        if(a[i]!=c)
            a[j++]=a[i];
/***********SPACE***********/
    【2】;
}
int main()
{
    char a[20],cc;
/***********SPACE***********/
    【3】;
    cc=getchar();
/***********SPACE***********/
    【4】;
    puts(a);
    return 0;
}
```

2. 程序设计

(1) 完成 find 函数,求随机生成的 N 个[10,60]上的整数中能被 5 整除的最大的数,如存在则返回这个最大值,如果不存在则返回 0。

```
#define N 30
#include "stdlib.h"
#include <stdio.h>
int find(int arr[],int n)
```

```
{
    int m=0;
    /**********Program**********/


    /**********  End  **********/
    return(m);
}
int main()
{
    int a[N],i,k;
    for(i=0;i<N;i++)
        a[i]=rand()%51+10;                /*生成[10,60]的一个随机数*/
    for(i=0;i<N;i++)
    {
        printf("%5d",a[i]);
        if((i+1)%5==0) printf("\n");    /*每行输出5个数*/
    }
    k=find(a,N);
    if(k==0)
        printf("NO FOUND\n");
    else
        printf("the max is:%d\n",k);
    return 0;
}
```

(2) 完成 sort 函数,实现将 3×5 二维数组 a 中行下标为 k 的行进行升序排列。

```
#include <stdio.h>
void sort(int a[3][5],int k)
{
    int i,j,m,t;
    /**********Program**********/


    /**********  End  **********/
}
int main( )
{
    int i,j,k,a[3][5]={34,12,23,6,17,87,45,10,62,11,16,39,23,9,18};
    scanf("%d",&k);
    sort(a,k);
    for(i=0;i<3;i++)
    {
        for(j=0;j<5;j++)
            printf("%5d",a[i][j]);
        printf("\n");
    }
```

```
    return 0;
}
```

(3) 完成 fun 函数,从字符串 str 中删除第 i 个字符开始的连续 n 个字符。

```
#include <stdio.h>
void fun(char str[],int i,int n)
{
    /**********Program**********/


    /**********  End  **********/
}
int main()
{
    char  str[81];
    int   i,n;
    printf("请输入字符串 str 的值:\n");
    scanf("%s",str);
    printf("你输入的字符串 str 是:%s\n",str);
    printf("请输入删除位置 i 和待删字符个数 n 的值:\n");
    scanf("%d%d",&i,&n);
    while (i+n-1>strlen(str))
    {
        printf("删除位置 i 和待删字符个数 n 的值错!请重新输入 i 和 n 的值\n");
        scanf("%d%d",&i,&n);
    }
    fun(str,i,n);
    printf("删除后的字符串 str 是:%s\n",str);
    return 0;
}
```

3. 提高题

(1) 编写程序,在 main 函数中使用随机函数 rand()生成 10 个 10～99 之间的整数存于数组 a 中,输出该数组中各元素的值;在 fun 函数中将 a 数组中小于等于 80 且是 7 的倍数的元素存放在整型 b 数组中计算 b 数组元素的平均值,并在 main 函数中输出 b 数组的各个元素和平均值。

(2) 字符串 str 由数字字符'0'和'1'组成(长度不超过 8 个字符),可以看作二进制数,编写程序把该字符串转换成十进制数后输出。

三、实验指导

1. 程序设计题(2)

(1) 设计分析

对二维数组的某一行进行排序,可以把这一行理解成一个一维数组,行名就是这个一维数组的数组名。

(2) 操作指导

① 选择排序算法(如冒泡法);

② 第 k 行内相邻两个数比较的关键代码:

```
if(a[k][j]>a[k][j+1])
{
    t= a[k][j];
    a[k][j]= a[k][j+1];
    a[k][j+1]=t;
}
```

2. 程序设计题(3)

(1) 设计分析

只要从第 i 个元素开始重新赋值即可,如果第 i 个以后没有超过 n 个字符,直接在第 i 个位置赋值字符串结束标志,即 str[i-1]= '\0'。如果第 i 个以后有超过 n 个字符,从第 i-1+n 个开始依次赋值给第 i-1、i、i+1……个元素,直至遇到字符串结束标志。

(2) 操作指导

① 判断总字符数是否超过 i-1+n 个。

② 如果总字符数超过 i-1+n 个,则循环赋值{str[i-1]=str[i-1+n];i++;}。

③ 循环结束后,添加字符串结束标识 str[i-1]= '\0'。

3. 提高题(1)

(1) 设计分析

使用 rand 函数生成随机数。然后求数组元素的平均值,只是在累加求和的时候,需要一个限定条件。

(2) 操作指导

① 使用 rand()%90+10 可以产生一个 10~99 的整数,程序应包含头文件:<stdlib.h>;

② 设计 fun 函数进行有条件的累加求和,同时需要统计加数的个数。

主要代码如下:

```
for(i=0;i<n;i++)
    if(a[i]<=80&&a[i]%7==0)
    {
        sum=sum+a[i];
        num++;
    }
```

4. 提高题(2)

(1) 设计分析

假设有一个字符串是"1001",其对应的二进制数就是 1001,转换成十进制数是:$1001=1\times2^3+0\times2^2+0\times2^1+1\times2^0$。显然,四个数字分别对应数组中 s[0],s[1],s[2]和 s[3]中

的字符，最高次幂就是字符串长度减 1。

(2) 操作指导

① 求出字符串的长度“n=strlen(s);”。

② 设计循环依次取 s[0]～s[n-1]的字符，并转换为数值“a=s[i]-'0';”。

③ 计算各个值对应的位权 m，s[0]的位权 $m=2^{n-1}$。求 s[1]的位权时，只要让 n 减少 1 即可，“n--;”，或“m=m/2;”。依此类推……

④ 累加求和，for(i=0;i<n;i++)x=x+a*m;。

四、实验思考题

(1) 程序设计题(3)中，可否不判断字符个数，合理利用两种情况一次添加字符串结束标志？

(2) 提高题(2)中，“a=s[i]-'0';”是实现把数字字符转换为数字，可否改写成“a=s[i]-48;”？

指　针

一、实验目的

(1) 掌握指针的概念,熟练掌握指针变量的定义和使用。
(2) 掌握使用指针变量访问数组元素的方法。
(3) 掌握指针作为函数参数的方法。
(4) 正确使用字符指针和指向字符串的指针变量。

二、实验内容

1. 程序填空

(1) 下面程序的功能是:将数组 s2 中的数字字符连接到数组 sl 后面。

```
#include "stdio.h"
int main()
{
    char s1[20]="xy",s2[]="ab12DFc3G", * t1=s1, * t2=s2;
    while( * t1!='\0')
/***********SPACE***********/
        【1】;
    while( * t2!='\0')
    {
        if( * t2>='0'&& * t2<='9')
        {
/***********SPACE***********/
            * t1=【2】;
            t1++;
        }
        t2++;
    }
/***********SPACE***********/
    * t1=【3】;
    puts(s1);
}
```

(2) fun函数的功能是将两个两位数的正整数a、b合并形成一个整数放在c中。合并的方式是：将a数的十位和个位数依次放在c数的个位和百位上，b数的十位和个位数依次放在c数的十位和千位上。

例如：当a=45,b=12,调用该函数后,c=2514。

```
#include <stdio.h>
void fun(int a, int b, long * c)
{
/***********SPACE***********/
    【1】;
}
int main()
{
    int a,b; long c;
    printf("input a, b:");
    scanf("%d%d", &a, &b);
    fun(a, b, &c);
    printf("The result is: %ld\n", c);
    return 0;
}
```

2. 程序设计

(1) 请编写一个函数int fun(int *s,int t,int *pmax),求一维数组元素的最大值及其位置,要求将最大值下标存放在指针pmax所指变量中。

例如：如果数组元素为876,675,896,101,301,401,980,431,451,777,则输出结果为6,980。

```
#include <conio.h>
#include <stdio.h>
#include <stdlib.h>
void fun(int * s,int t,int * pmax)
{
/**********Program**********/


/**********  End  **********/
}
int main()
{
    int a[10]={ 876,675,896,101,301,401,980,431,451,777},k;
    system("CLS");                              /*清屏命令*/
    fun(a, 10, &k);
    printf("%d, %d\n ", k, a[k]);
    return 0;
}
```

(2) 编写函数 fun,求指针 ss 所指字符串中指定字符的个数。

例如：若输入字符串 123412132,输入字符为 1,则输出 3。

```
#include <stdio.h>
#include <string.h>
#define  M 81
int fun(char * ss, char c)
{
/**********Program**********/


/**********  End  **********/
}
int main()
{
    char a[M], ch;
    printf("\nPlease enter a string:");
    gets(a);
    printf("\nPlease enter a char:");
    ch = getchar();
    printf("\nThe number of the char is: %d\n", fun(a, ch));
    return 0;
}
```

(3) 编写函数 fun,其功能是：将所有大于 1 小于整数 m 的非素数存入 xx 所指数组中，非素数的个数通过指针 kk 返回。

例如：若输入 17,则应输出：4 6 8 9 10 12 14 15 16

```
#include <stdio.h>
void fun( int mm, int * kk, int xx[] )
{
/**********Program**********/


/**********  End  **********/
}
void main()
{
    int m,k,i,zz[100];                    /* 变量 k 统计非素数的个数 */
    printf("\nPlease enter an integer number between 10 and 100: " );
    scanf("%d",&m);
    fun(m,&k,zz);
    printf("\n\nThere are %d non-prime numbers less than %d:\n",m,k);
    for( i = 0; i < k; i++ )
        printf( "%4d", zz[i] );
}
```

4. 趣味编程

有 n 个人围成一圈，顺序排号。从第 1 个人开始报数（从 1 到 3 报数），凡报到 3 的人退出圈子，问圈子里最后留下人的原始编号。

三、实验指导

1. 程序设计(1)

(1) 设计分析与指导

在 fun 函数中，* pmax 表示最大值的下标，s[* pmax]表示最大的数组元素。首先设 s[0]为最大值，即令 * pmax=0，通过循环让 s[* pmax]逐个与数组元素比较，使 * pmax 总是等于已比较过的数组最大值的下标，直到与全部元素比较结束。

说明：语句 system("CLS")；功能为清除屏幕之前显示的内容，使用此语句必须在程序开头加上 #include <stdlib.h>。在 VC 或 VS 环境下一般不存在问题，可以不使用这条语句。如果是 Turbo C 环境，前面运行程序时显示的所有内容都会留在屏幕上，下次运行时屏幕会比较乱，所以一般使用清屏命令。

(2) 常见问题分析

① 指针 pmax 代表最大值下标的地址，* pmax 才代表最大值的下标。

② 通过指针 pmax 得到最大值下标，所以不需要返回值，即 fun 函数中不需要 return 语句。

2. 程序设计(2)

(1) 设计分析与指导

① 在 fun 函数中定义一个整型变量 k 统计字符的个数，即将 k 设为计数器，初始值为 0；

② 使用循环从字符串的第一个字符开始，逐一与指定字符 c 比较，如果为 c，则计数器 k 加 1；

③ 返回计数器 k 的值，此值即为指定字符在字符串中的个数。

(2) 常见问题分析

① k 未设初值 k=0；

② 循环时指针变量 ss 未自增，不能逐一与指定字符 c 比较，导致死循环。

3. 设计型实验(3)

(1) 设计分析与指导

① 在 fun 函数中定义变量 n 用于统计非素数的个数，在 4～m 范围内判断一个数是否是素数，如果是非素数，就将其存入数组 xx 中。

问题：为什么是 4～m 范围？其他范围行吗？

② fun 函数中非素数的个数通过指针 kk 返回 main 函数。

(2) 常见问题分析

在 fun 函数中不能通过 return n;语句返回非素数的个数,因为 fun 函数返回值的类型为 void,不能有返回值,只能通过指针 kk 得到。

4. 趣味编程

设计分析与指导

这是一个典型的约瑟夫问题(约瑟夫环)。

背景知识:17 世纪的法国数学家加斯帕在《数目的游戏问题》中讲了一个故事:15 个教徒和 15 个非教徒在深海上遇险,必须将一半的人投入海中,其余的人才能幸免于难,于是想了一个办法:30 个人围成一圈,从第 1 个人开始依次报数,每数到第 9 个人就将他扔入大海,如此循环进行,直到仅余 15 个人为止。问怎样排法,才能使每次投入大海的都是非教徒。

可以将问题简化为:n 个人围成一圈,从第 1 个人开始报数,每数到第 k 个人就将其杀掉,如此循环直到最后圈子里只剩下 1 人,其余人都被杀掉。例如 n=6,k=5,被杀掉的顺序是:5,4,6,2,3,最后圈子里的人只剩下 1 号。

设计思路:定义一个数组,数组中每个元素代表一个人,然后对数组进行循环,每当数组中的人数到 k 时,将其内容置 0,代表这个人退出圈子,以后报数时不再统计,接着从紧挨着的下一个人开始报数,用 m 统计退出的人数,直到最后数组中只剩一个人。

参考源程序

```
#include <stdio.h>
int main( )
{
    int i,k,m,n,num[50],*p;      /*定义指针 p 从头依次指向圈子的每个人*/
    printf("请输入参加报数的人数 n:");
    scanf("%d",&n);
    p=num;
    for(i=0;i<n;i++)
        num[i]=i+1;              /*从 1 到 n 给圈子每个人编号 */
    i=0;                         /*i 为每次循环时的计数变量*/
    k=0;                         /*k 为按 1、2、3 报数时的计数变量,报到 3 的人出列*/
    m=0;                         /*m 统计退出人数 */
    while(m<n-1)                 /*最后圈子里只剩 1 个人时循环结束*/
    {
        if(*(p+i)!=0)
            k++;
        if(k==3)
        {
            *(p+i)=0;            /*将退出人的编号置 0 */
            k=0;                 /*重新开始报数*/
            m++;
        }
        i++;
```

```
        if(i==n) i=0;                    /*报数到末尾后,i重新置为0*/
    }
    while(*p==0)
        p++;
    printf("最后留在圈里的人是%d号\n",*p);
}
```

运行结果:

请输入参加报数的人数 n:8↙
最后留在圈里的人是 7 号

四、实验思考题

请问约瑟夫问题能用递归函数实现吗?

结构体变量的定义和使用

一、实验目的

(1) 掌握结构体类型和结构体变量的定义及使用方法。

(2) 掌握结构体数组和结构体指针的概念及使用方法。

(3) 能正确使用结构体变量、数组和指针作为函数参数。

二、实验内容及要求

1. 程序填空

(1) 功能：设有三人的姓名和年龄保存在结构体数组中，以下程序输出年龄居中者的姓名和年龄。

```
#include <stdio.h>
struct  ma
{
    char  name[20];
    int  age;
}person[]={"li", 18, "wang", 19, "zhang", 20};
int main()
{
    int i, max, min;
    max=min=person[0].age;
    for(i=1; i<3; i++)
        /***********SPACE***********/
        if(person[i].age>max) 【1】;
        /***********SPACE***********/
        else if(person[i].age<min) 【2】;
    for(i=0; i<3; i++)
        /***********SPACE***********/
        if( person[i].age!=max【3】person[i].age!=min)
        {
            printf("%s  %d\n", person[i].name, person[i].age);
            break;
```

```
        }
    return 0;
}
```

(2) 下面的程序通过定义一个结构体变量并赋初值，存储了一名学生的学号、姓名和3门课的成绩。函数modify的功能是将该学生的各科成绩都乘以一个系数a。

```
#include <stdio.h>
typedef struct
{
    int num;
    char name[9];
    float score[3];
}STU;
void show(STU tt)
{
    int i;
    printf("%d %s:",tt.num,tt.name);
    for(i=0; i<3; i++)
        printf("%5.1f",tt.score[i]);
    printf("\n");
}
/***********SPACE***********/
void modify(【1】 * ss,float a)              /*结构体指针作为函数参数*/
{
    int i;
    for(i=0; i<3; i++)
    /***********SPACE***********/
        ss->【2】*=a;
}
int main()
{
    STU std={ 1,"Zhanghua",76.5,78.0,82.0 };
    float a;
    printf("\nThe original number and name and scores :\n");
    show(std);
    printf("\nInput a number :  ");
    scanf("%f",&a);
    /***********SPACE***********/
    modify(【3】,a);
    printf("\nA result of modifying :\n");
    show(std);
    return 0;
}
```

2. 程序设计

(1) 学生的记录由学号和成绩组成,N 名学生的数据已放入 main 函数中的结构体数组 s 中,请编写函数 fun,其功能是：按分数降序排列学生的记录,高分在前,低分在后。

```
#include <stdio.h>
#define  N  16
typedef  struct
{
    char  num[10];
    int   s;
} STREC;
void  fun( STREC  a[] )
{
    /**********Program**********/

    /**********  End  **********/
}
int main()
{
    STREC  s[N]={{"GA005",85},{"GA003",76},{"GA002",69},{"GA004",85},
    {"GA001",91},{"GA007",72},{"GA008",64},{"GA006",87},
    {"GA015",85},{"GA013",91},{"GA012",64},{"GA014",91},
    {"GA011",66},{"GA017",64},{"GA018",64},{"GA016",72}};
    int i;
    fun(s);
    printf("The data after sorted :\n");
    for(i=0;i<N; i++)
    {
        if( (i)%4==0 )printf("\n");
        printf("%s  %4d  ",s[i].num,s[i].s);
    }
    printf("\n");
    return 0;
}
```

(2) 已知学生的记录由学号和学习成绩构成,N 名学生的数据已存入 a 结构体数组中。请编写函数 fun,该函数的功能是：找出成绩最高的学生记录,通过形参返回 main 函数(规定只有一个最高分)。已给出函数的首部,请完成该函数。

```
#include<stdio.h>
#define N 10
typedef struct ss                              /*定义结构体*/
{
    char num[10];
    int score;
} STU;
void fun(STU a[], STU *s)                     /*结构体指针作为函数参数,需改变*s的值*/
{
    /**********Program**********/
```

```
    /**********  End  **********/
}
int main()
{
    STU a[N]={{ "A01",81},{ "A02",89},{ "A03",66},{ "A04",87},{ "A05",77},
    { "A06",90},{ "A07",79},{ "A08",61},{ "A09",80},{ "A10",71}},m;
    int i;
    printf("*****The original data*****");
    for(i=0;i<N;i++)
        printf("No=%s Mark=%d\n", a[i].num,a[i].score);
    fun(a,&m);
    printf("*****THE RESULT*****\n");
    printf("The top :%s, %d\n",m.num,m.score);
    return 0;
}
```

(3) 提高型实验

编写程序对一组学生的信息进行管理。其中学生信息包括学生的学号、姓名、性别、年龄、成绩、地址等,要求程序具有插入、删除、查找、按成绩排序等功能。要求所有的功能都通过函数实现。

三、实验指导

程序设计

(1) 设计分析与指导

可以使用冒泡法或选择法对结构体数组排序。这两种排序方法都需要通过双重循环实现,在程序中需要交换两个数组元素的值,交换需要通过执行 3 条赋值语句实现(结构体变量允许整体赋值),中间变量必须是结构体变量。如冒泡法排序的主要代码如下:

```
STREC t;
for(i=0;i<N-1;i++)
    for(j=0;j<N-i-1;j++)
        if(a[j].s<a[j+1].s)
        {
            t=a[j];
            a[j]=a[j+1];
            a[j+1]=t;
        }
```

(2) 常见问题分析

结构体变量允许整体赋值,排序过程中的 3 条赋值语句为结构体数据整体赋值。

四、实验思考题

在提高型实验中,通过菜单选择所要完成的功能,如何设计?

文 件

一、实验目的

(1) 理解并掌握文件和文件指针的概念。
(2) 掌握文件的打开和关闭方法。
(3) 掌握文件的读写方法。

二、实验内容及要求

1. 程序填空

(1) 以下程序的功能是：将磁盘中的一个文件复制到另一个文件中，两个文件名已在程序中给出。

```
#include<stdio.h>
int main()
{
    FILE * f1, * f2;
    f1=fopen("file_a.dat","r");
    f2=fopen("file_b.dat","w");
/***********SPACE***********/
    while(【1】)
/***********SPACE***********/
        fputc(fgetc(f1),【2】);
/***********SPACE***********/
   【3】;
    fclose(f2);
    return 0;
}
```

(2) 以下程序的功能是：打开文件后，先利用 fseek 函数将文件指针定位在文件末尾，然后调用 ftell 函数返回当前文件指针的具体位置，从而确定文件长度。

```
#include <stdio.h>
int main()
{
```

```
    FILE *myf;
    long  f1;
/***********SPACE***********/
    myf=【1】("test.t","rb");
/***********SPACE***********/
    fseek (myf, 0,【2】);
    f1=ftell (myf);
    fclose (myf);
    printf ("%d\n",f1);
    return 0;
}
```

2. 程序设计

(1) 从键盘输入若干字符存到文件 a.txt 中，直到输入“#”为止，把文件 a.txt 的内容显示到屏幕上。

(2) 编写一个文件加密程序，读取一个文本文件 test.txt，将每个字符按一定规律转换成密码并写入另一个文件 mima.txt。转换规律如下：将字符 A 变成字符 E，a 变成 e，即变成该字母后的第 4 个字符，字符 W 变成字符 A，字符 X 变成字符 B，字符 Y 变成字符 C，字符 Z 变成字符 D。

3. 提高型实验

磁盘文件 employee.dat 里面存放有若干名职工的数据。每个职工的数据包括职工姓名、职工号、性别、年龄、住址、工资、健康状况、文化程度。要求将职工名、工资的信息单独抽出来另建一个简明的职工工资文件。

三、实验指导

1. 设计型实验(1)

(1) 设计分析与指导

① 题目要求新建一个 a.txt 文件，因此 fopen 函数文件打开方式为“w”，对于不存在的文件可以自动新建。

② 字符内容的读写使用 fgetc 函数和 fputc 函数。

③ 使用 feof 函数判断是否读到文件结尾。

④ 文件被打开、关闭 2 次。第一次打开文件写入字符后关闭，第二次打开文件读出文件内容并显示到屏幕上，之后关闭文件。

(2) 常见问题分析

① 文件的路径是一个字符串，在 C 语言中若要表示字符‘\’，需要使用转义字符即‘\\’。

错误写法：

```
fp=fopen("c:\a.txt","w");
```

正确写法：

```
fp=fopen("c:\\a.txt","w");
```

② 文件打开后，无论是否读取内容必须关闭文件。

2. 设计型实验（2）

设计分析与指导

分析：由于要处理的文件为文本文件，而且逐个字符进行变换，所以对文件的读写用 fgetc 和 fputc 函数。

部分字符加密程序如下所示：

```
while(!feof(fp1))
{
    ch=fgetc(fp1);
    if(ch>='a' && ch<='z')
    {
        ch=ch+4;
        if(ch>'z')
            ch=ch-26;
    }
    if(ch>='A' && ch<='Z')
    {
        ch=ch+4;
        if(ch>'Z')
            ch=ch-26;
    }
    fputc(ch,fp2);
}
```

3. 提高型实验

设计分析与指导

分析：文件 employee.dat 是二进制文件，所以使用 fread 和 fwrite 函数对文件进行读写。定义 create 函数用来创建 employee 文件，main 函数中实现对职工名和工资信息的抽取。

全部程序代码如下所示：

```
#include <stdio.h>
#include<stdlib.h>
#define N 2
struct worker
{
    int no;
    char name[10];
    char sex[3];
    int age;
```

```
    char addr[20];
    float salary;
    char health[10];
    char xueli[10];
};
struct sworker
{
    char name[10];
    float salary;
};
void create( )                                  /*创建一个存放 2 个职工信息的文件*/
{
    FILE * fp;
    struct worker w[N]={{1001,"李琦","男",41,"天津",2134.5,"健康","本科"},{1002,"
卫红","女",35,"北京",2012,"健康","硕士"}};
    int i=0;
    fp=fopen("employee.dat","w");
    if(fp==NULL)
    {
        printf("employee.dat can't create.\n");
        exit(0);
    }
    fwrite(w,sizeof(struct worker),N,fp);
    fclose(fp);
}
int main( )
{
    FILE * fp1, * fp2;
    struct worker w[N];
    struct sworker sw[N];
    int i;
    create();
    fp1=fopen("employee.dat","r");
    if(fp1==NULL)
    {
        printf("employee.dat can't open.\n");
        exit(0);
    }
    fp2=fopen("salary_employee.dat","w");
    if(fp2==NULL)
    {
        printf("salary_employee.dat can't create.\n");
        exit(0);
    }
    fread(w,sizeof(struct worker),N,fp1);
```

```
    for(i=0;i<N;i++)
    {
        strcpy(sw[i].name,w[i].name);
        sw[i].salary=w[i].salary;
    }
    fwrite(sw,sizeof(struct sworker),N,fp2);
    fclose(fp1);
    fclose(fp2);
    return 0;
}
```

四、实验思考题

针对同一批数据内容,写入文本文件和写入二进制文件哪一种文件占用存储空间较大?

VC++ 2010常见编译错误信息的英汉对照

常见编译错误的英文信息提示	中 文 含 义
Error C2001：newline in constant	串常量没有以双引号结束，或在新的一行中继续定义串常量。该错误可能由串常量分隔符不完整引起
Error C2006：＃include expected a filename，found 'token'	宏命令＃include 后缺少文件名
Error C2011：'identifier'：'type' type redefinition	标识符'identifier'已经被定义为类型'type'。重复定义类型名'identifier'
Error C2012：missing name following '＜'	在宏命令＃include 中缺少文件名
Error C2013：missing '＞'	在宏命令＃include ＜文件名＞中缺少右定界符'＞'
Error C2015：too many characters in constant	字符常量中字符太多。字符常量只能有一个字符，或以'\'开头的转义字符
Error C2019：expected preprocessor directive，found 'character'	要求预编译命令。该错误可能是由于书写预编译命令时漏写了'＃'
Error C2022：'number'：too big for character	在一个字符表示中，八进制'\xxx'数值太大不能转换为对应的 ASCII 字符
Error C2023：divide by 0	表达式除以 0
Error C2024：mod by 0	表达式中对 0 作模运算
Error C2025：'identifier'：enum/struct/union type redefinition	标识符'identifier'已经用作 enum/struct/union 等类型的标识
Error C2026：string too big，trailing characters truncated	字符串太长。超过 2048 个字符将被截去
Error C2027：use of undefined type 'identifier'	类型名'identifier'未经定义就使用
Error C2037：left of 'operator' specifies undefined struct/union 'identifier'	成员选择运算符(－＞ or .)的左侧不是类、结构、联合等类型的变量
Error C2039：'identifier1'：is not a member of 'identifier2'	标识符'identifier1'不是'identifier2'的成员分量
Error C2041：illegal digit 'character' for base 'number'	对于数制'number'而言数字'character'是非法字符。如：int num＝081；//八进制的有效数字字符是 0～7

续表

常见编译错误的英文信息提示	中 文 含 义
Error C2043：illegal break	非法使用 break 语句。break 语句只能在 while，do while，for，switch 语句中使用
Error C2045：'identifier' ：label redefined	标号重复定义
Error C2046：illegal case	非法使用 case。case 只能用于 switch 语句中
Error C2047：illegal default	非法使用 default。default 只能用于 switch 语句中
Error C2048：more than one default	default 多次出现。在 switch 语句中 default 只能有一个
Error C2049：case value 'value' already used	在一个 switch 语句中，同一个 case 的取值多次出现
Error C2050：switch expression not integral	switch 表达式的值不是整型
Error C2051：case expression not constant	case 表达式不是常量表达式
Error C2052：case expression not integral	case 表达式不是整型常量表达式
Error C2054：expected '(' to follow 'identifier'	在标识符'identifier'后需要括号'('。在表达式中有不正确的运算符可能会引入该错误
Error C2056：illegal expression	非法表达式
Error C2060：syntax error ：end of file found	发现文件结束。该错误通常是由缺少分号、右侧花括号不配对等情况引起
Error C2061：syntax error ：identifier 'identifier'	标识符'identifier'有语法错误。提示该标识符前后可能有语法问题
Error C2062：type 'type' unexpected	类型名'type'出现在不该出现的地方，也可能是此处语法所需的类型已经定义。该错误常常会因漏写分号引起
Error C2063：'identifier' ：not a function	标识符'identifier'不是函数名
Error C2064：term does not evaluate to a function	不能通过某项计算出函数的地址。可能是调用的函数不存在
Error C2065：'identifier' ：undeclared identifier	标识符'identifier'未作说明
Error C2070：illegal sizeof operand	非法操作数。sizeof 表达式中的操作数既不是类型名，也不是合法表达式
Error C2071：'identifier' ：illegal storage class	变量'identifier'被说明为非法的存储类别
Error C2075：'identifier' ：array initialization needs curly braces	数组元素初始化需要使用花括号
Error C2078：too many initializers	初始化参数太多。初始化参数多于被初始化的对象
Error C2083：struct/union comparison illegal	结构或联合类型的变量进行比较运算是非法的。用户自定义类型的变量，没有定义比较运算操作，或没有定义与普通类型的转换，一般不能直接进行比较运算
Error C2084：function 'function' already has a body	函数体重复定义

续表

常见编译错误的英文信息提示	中 文 含 义
Error C2086：'identifier'：redefinition	标识符'identifier'重复定义
Error C2087：'identifier'：missing subscript	数组'identifier'缺少下标
Error C2090：function returns array	函数返回数组。函数不能返回数组，但可以返回一个指向数组的指针
Error C2097：illegal initialization	非法初始化操作。如：用一个非常量值初始化变量
Error C2100：illegal indirection	非法的指针操作
Error C2102：'&' requires l-value	地址运算符'&'需要对左值表达式进行运算。左值表达式是指能表示一个变量存储位置的表达式，如变量、数组元素等
Error C2105：'operator' needs l-value	运算符'operator'需要左值操作数
Error C2108：subscript is not of integral type	下标值不是整型
Error C2109：subscript requires array or pointer type	下标运算只能用于数组或指针
Error C2110：cannot add two pointers	不能对两个指针进行加运算
Error C2111：pointer addition requires integral operand	指针只能对整数进行加运算
Error C2112：pointer subtraction requires integral or pointer operand	指针的减运算只能对整数或指针进行
Error C2117：'identifier'：array bounds overflow	数组范围溢出。该错误常常因数组的初始化值超过数组长度而引起。如：char abc[4] = "abcd"; // error，array contains 5 members
Error C2134：'identifier'：struct/union too large	结构或共用体(联合)太大。结构或联合类型的字节数超过编译器规定的 64K
Error C2138：illegal to define an enumeration without any members	定义无成员的枚举类型
Error C2148：array too large	数组太大，超过 64K
Error C2166：l-value specifies const object	试图对常量进行修改，错误地把左值指定为常量对象
Error C2172：'function'：actual parameter is not a pointer：parameter number	函数的实参不是指针
Error C2181：illegal else without matching if	非法使用 else。if 与 else 不匹配
Error C2182：'identifier'：illegal use of type 'void'	非法使用 void 定义变量，void 只能用于函数参数传递
Error C2184：illegal return of a 'void' value	函数没有返回值
Error C2197：' identifier '：too many actual parameters	函数调用中实参太多
Error C2198：'identifier'：too few actual parameters	函数调用中实参太少

参考文献

［1］ 苏小红，王甜甜等．C语言程序设计学习指导[M]．4版．北京：高等教育出版社，2019．

［2］ 颜晖，张泳．C语言程序设计实验与习题指导[M]．3版．北京：高等教育出版社，2015．

［3］ 高禹．C语言程序设计学习指导与实验教程[M]．4版．北京：清华大学出版社，2019．

［4］ 谭浩强．C程序设计学习辅导[M]．5版．北京：清华大学出版社，2019．

［5］ 教育部考试中心．全国计算机等级考试二级教程——C语言程序设计(2020年版)．北京：高等教育出版社，2020．

图书资源支持

感谢您一直以来对清华版图书的支持和爱护。为了配合本书的使用,本书提供配套的资源,有需求的读者请扫描下方的“书圈”微信公众号二维码,在图书专区下载,也可以拨打电话或发送电子邮件咨询。

如果您在使用本书的过程中遇到了什么问题,或者有相关图书出版计划,也请您发邮件告诉我们,以便我们更好地为您服务。

我们的联系方式:

地　　址:北京市海淀区双清路学研大厦A座714

邮　　编:100084

电　　话:010-83470236　010-83470237

客服邮箱:2301891038@qq.com

QQ:2301891038(请写明您的单位和姓名)

资源下载:关注公众号“书圈”下载配套资源。

资源下载、样书申请

书圈

获取最新书目

观看课程直播